矿物复合材料
机床结合面特性与应用

沈佳兴／著

U0323835

中国矿业大学出版社
·徐州·

内 容 提 要

矿物复合材料具有高阻尼、高比刚度、高比强度及热稳定性,因此具有良好的应用前景。本书系统介绍了矿物复合材料结合面类别、表征参数和结合面性能研究现状,介绍了矿物复合材料结合面实际接触面积的离散计算方法。以 BFPC 矿物机床为例,介绍了 BFPC 机床中 BFPC-BFPC 结合面的动态特性、BFPC-BFPC 结合面的热性能和热力耦合性能、钢-BFPC 结合面的动态性能、钢-BFPC 结合面的热性能和热力耦合性能。针对 BFPC 机床介绍了 BFPC 结合面的参数优化设计方法。

本书可作为机械工程专业高年级本科生、研究生的教学参考书,也可供从事相关专业的工程技术和科研人员阅读参考。

图书在版编目(CIP)数据

矿物复合材料机床结合面特性与应用 / 沈佳兴著
. —徐州:中国矿业大学出版社,2023.1
ISBN 978 - 7 - 5646 - 5627 - 0

Ⅰ. ①矿… Ⅱ. ①沈… Ⅲ. ①矿物—复合材料—应用
—数控机床—结合面 Ⅳ. ①TG502.31

中国版本图书馆 CIP 数据核字(2022)第 211358 号

书　　名	矿物复合材料机床结合面特性与应用
著　　者	沈佳兴
责任编辑	耿东锋
出版发行	中国矿业大学出版社有限责任公司
	(江苏省徐州市解放南路　邮编221008)
营销热线	(0516)83884103　83885105
出版服务	(0516)83995789　83884920
网　　址	http://www.cumtp.com　E-mail:cumtpvip@cumtp.com
印　　刷	江苏凤凰数码印务有限公司
开　　本	787 mm×1092 mm　1/16　**印张** 7.75　**字数** 197 千字
版次印次	2023 年 1 月第 1 版　2023 年 1 月第 1 次印刷
定　　价	30.00 元

(图书出现印装质量问题,本社负责调换)

前　言

机床被称为"工业母机"，机床工业是体现国家综合实力的重要基础性产业，代表了工业发展水平，关系着国家的战略地位。特别是我国在航空航天、船舶制造、核电等领域的快速发展，要求机床具有更好的静态性能、动态性能及热性能，进而保证其具有更好的加工性能。传统金属材料因为自身材料特性已经不能完全满足制造现代高精度机床的需求，因此研发新型机床制造材料是从根本上提高机床性能的一种重要途径，也是机床领域的研究热点问题。

矿物复合材料是以天然矿物颗粒为骨料，以粉煤灰为填充剂，以环氧树脂等材料为胶结剂，并经增强纤维强化形成的一种新型复合材料。玄武岩纤维树脂混凝土（BFPC）是以玄武岩矿物颗粒为骨料，以玄武岩纤维为增强相的复合材料，属于一种新型矿物复合材料。由于 BFPC 材料具有高阻尼、高比强度、高比刚度、高热稳定性、低密度、低成本、环保等优异性能，因而其在机床制造领域将具有良好的应用前景。

机床的加工性能不仅受到机床零部件性能影响，还与机床中结合面性能有直接关系，矿物复合材料机床也不例外。研究发现：矿物复合材料机床总刚度的 60%～80% 由机床结合面提供，矿物复合材料机床总阻尼的 80%～90% 来源于结合面，机床出现的振动问题有 60% 以上与机床结合面动态性能有关。在精密加工中，由机床热变形所引起的加工误差占总加工误差的 40%～70%，即热误差远大于系统几何误差，尤其是超精密加工、纳米加工通常需要在恒温室或恒温车间进行。矿物复合材料机床结合面未接触区域存在空气或润滑油、冷却液等介质，矿物复合材料结合面的热性能在介质及构成结合面固态材料的共同作用下对机床整机热性能及热力耦合性能有关键影响。因此矿物复合材料结合面的力学性能及热性能对机床整机的影响是不容忽视的。

本书将以新型的 BFPC 矿物复合材料机床为例，围绕 BFPC 机床中存在 BFPC-BFPC 结合面和钢-BFPC 结合面的动态特性、热性能及其热力耦合性能展开系统研究，分析两种结合面的力学、热学及其耦合特性，建立结合面仿真分析及优化方法，为分析、设计、优化、制造具有高加工性能的矿物复合材料机床提供必要的基础理论及研究方法。

全书共分 7 章,主要内容包括:(1) 系统介绍了矿物复合材料机床结构、结合面类别及表征参数和结合面性能研究现状。(2) 介绍了矿物复合材料结合面实际接触面积及实际接触面积比的离散计算方法。(3) 以 BFPC 矿物复合材料机床为例,介绍了 BFPC 矿物复合材料机床中 BFPC-BFPC 结合面的动态特性。(4) 介绍了 BFPC 矿物复合材料机床中 BFPC-BFPC 结合面的热性能和热力耦合性能。(5) 介绍了机床中钢-BFPC 结合面的动态性能。(6) 介绍了机床中钢-BFPC 结合面的热性能和热力耦合性能。(7) 针对 BFPC 机床介绍了 BFPC 结合面的参数优化设计方法。

本书是在国家自然科学基金青年科学基金项目"油介质钢-矿物复合材料机床结合面多场耦合机理及动态特性研究"(编号:52005238)、国家自然科学基金面上项目"玄武岩纤维树脂混凝土机床基础件设计理论及关键技术研究"(编号:51375219)、辽宁省教育厅基本科研项目"玄武岩纤维树脂混凝土机床结合部接触特性研究"(编号:LJ2019JL030)和辽宁省科技厅博士启动科研基金项目"基于虚拟材料法的钢-BFPC 机床结合面多场耦合接触特性研究"(编号:2020-BS-256)的资助下完成的。在此对国家自然基金委、辽宁省教育厅及辽宁省科技厅的资助表示衷心感谢!

由于我们学识水平有限,书中不足之处在所难免,殷切希望读者批评指正、不吝赐教。

著 者

2022 年 7 月

目　录

第1章　绪　　论

1.1　BFPC机床及其结构

机床行业是关系国家经济和国防安全的战略性基础产业,机床性能的好坏直接决定了国家的制造业水平,其对国家的工业竞争力和综合国力有着重大影响。特别是近些年来我国在航空航天、轨道交通、船舶制造、核电领域的快速发展,要求机床具有更好的静态性能、动态性能及热性能,保证机床具有更优越的加工性能和更高的加工精度[1-3]。传统金属材料因为其阻尼和比热容低、密度大、热膨胀系数高等特点而不能完全满足制造现代高精度机床的需求,因此研发新型机床制造材料是从根本上提高机床性能的重要途径,也是机床领域的热点研究问题。

矿物复合材料是以天然矿物颗粒为骨料、以粉煤灰为填充剂、以环氧树脂等材料为胶结剂,经增强纤维强化形成的一种新型复合材料[4-5]。玄武岩纤维树脂混凝土(BFPC)是以玄武岩矿物颗粒为骨料,以玄武岩纤维为增强相的复合材料,属于一种新型矿物复合材料。其与铸铁及碳钢等金属材料相比,具有许多优点:

(1) BFPC材料具有更高的阻尼性。BFPC材料与钢材相比其阻尼比一般为钢材的10倍以上,其可以改善机床的动态特性,减少床身振动对刀具产生的冲击,延长刀具的使用寿命,提高零件的加工质量。

(2) BFPC材料具有较低的密度。BFPC材料的密度约为钢或铸铁的1/3,使用BFPC材料制造机床能够提高机床的比刚度,提高机床的固有频率,能够显著改善机床在高速加工时的性能,因此BFPC材料特别适合制造超高速加工机床。

(3) BFPC材料具有更好的热稳定性。BFPC材料的比热容比铸铁和钢的高0.5倍左右,而导热系数只是铸铁的1/20左右,对短时温度变化不敏感,热稳定性高,能够减小机床的热变形,提高机床的热刚度,提高机床的加工精度。

(4) BFPC材料具有较强的抗化学腐蚀能力。BFPC材料主要是由高稳定性的玄武岩骨料和粉煤灰组成的,其对水、酸、碱、润滑油和切削液不敏感,不生锈。

(5) 可在室温下浇注。BFPC材料的固化反应一般不超过50 ℃,而且成型时收缩小,因此零件内部的残余应力小。

(6) 使用BFPC材料可大量节省能源和金属材料,且生产周期短,零件制造工作量小,工艺设备简单。

BFPC 材料具有如上诸多优点,使用其制造机床能够显著改善现代高精度机床的静、动态性能和热稳定性,是制造机床的一种优良材料。BFPC 机床是指利用 BFPC 材料制造机床的部分或全部基础件的一类新型机床。

1.2 结合面的定义及类别

机床整机是由各种零件或部件通过不同的连接方式装配成的整体,在相互接触的零件或部件之间存在许多相互接触的表面,通常称零件或部件之间相互接触的表面为机械结合面或结合面[6]。一般按照两个或多个相互接触表面的相对运动情况将结合面分为如下三种形式。

（1）固定结合面

固定结合面的相互接触表面之间无相对运动,这类结合面主要起连接、固定和支承的作用。固定结合面广泛存于机床中,如导轨与横梁、床身、立柱等机床基础件的结合面,立柱与床身的结合面,横梁与立柱的结合面,电动机座与电动机的结合面等。

（2）半固定结合面

半固定结合面是指两接触面随工作需要出现固定或者相对运动的情况,如摩擦离合器,这类结合面通常要求结合时具有较好的连接强度且脱离方便可靠。

（3）运动结合面

运动结合面是指两接触面在工作时存在宏观的相对运动,该类结合面主要起导向和约束的作用,如导轨与滑块的结合面、轴承的滚动体与内外圈的结合面、滚珠与丝杠的结合面等。

需要指出的是,本书中提到的结合面在不特指情况下均是指固定结合面。因为固定结合面起连接、固定和支承的作用,其连接性能对机床整机有关键影响,因此本书主要研究该类结合面,只对该类结合面的类别进行研究。

对于固定结合面,根据两个或多个接触体的接触形式可以分为单面接触和多面接触及包络接触,如图 1-1 所示。

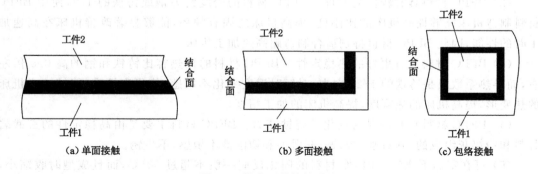

图 1-1 结合面的接触形式

如图 1-1(a)所示,单面接触结合面常见于机床基础件间的直接连接,如龙门机床中的横梁和立柱的结合面,电动机座和机床横梁、床身等基础件的结合面。

如图 1-1(b)所示,多面接触结合面含有两个或两个以上的接触面,常见于受力集中的部位,如龙门机床的导轨与横梁间的结合面。

如图 1-1(c)所示,包络接触结合面通常出现在填充有功能材料的机床基础件的中空结构部位,如填充 BFPC 材料的机床立柱或横梁,填充泡沫铝材料的床身等。填充的功能材料与机床基础件间的接触部位及轴承与轴承套或轴承座的接触部位多是包络接触结合面。

根据结合面固结形式不同可以将固定结合面分为过盈配合结合面、胶结结合面、螺纹连接结合面等。其中过盈配合结合面常见于机床轴承和轴承座之间的结合面。胶结结合面多是利用环氧树脂或其他工业用胶粘接不同零部件,比如 BFPC 材料中的环氧树脂既是材料本身的黏结剂也是 BFPC 材料和机床其他部件的胶结剂。螺纹连接结合面是最常见的固结形式,通常是利用螺栓、螺母连接不同零部件。

按照构成结合面的材料来划分结合面可以分为金属-金属结合面、金属-非金属结合面、非金属-非金属结合面。金属-金属结合面是最常见的一种结合面,其典型代表是机床中的铸铁床身与铸铁立柱、横梁的铸铁-铸铁结合面,钢导轨与铸铁横梁、床身等基础件构成的钢-铸铁结合面等。金属-非金属结合面是由金属材料与非金属材料构成的结合面,以 BFPC 机床为例,机床的钢制轴承座与 BFPC 床身等基础件构成的钢-BFPC 结合面,导轨与 BFPC 横梁立柱等基础件构成的钢-BFPC 结合面。非金属-非金属结合面常出现在非金属矿物复合材料机床基础件间的连接部位,同样以 BFPC 机床为例,有 BFPC 床身与 BFPC 立柱间的 BFPC-BFPC 结合面,有 BFPC 立柱与 BFPC 横梁间的 BFPC-BFPC 结合面等。

综上,结合面的类别及划分如图 1-2 所示。

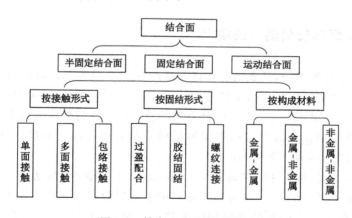

图 1-2　结合面分种类及划分

1.3　BFPC 结合面的影响及其表征参数

BFPC 结合面的实际接触面积只是零部件名义接触面积的极小部分,导致 BFPC 结合面的力学性能和热性能与构成结合面零部件材料性能有根本区别。相关研究表明:60%~

80%机床的总刚度由机床结合面提供,80%～90%机床的总阻尼来源于结合面,机床出现的振动问题有 60%以上与机床结合面动态性能有关[7-8]。在精密加工中,由机床热变形所引起的加工误差占总加工误差的 40%～70%,即热误差远大于系统几何误差,尤其是超精密加工、纳米加工通常需要在恒温室或恒温车间加工制造。在 BFPC 结合面未接触区域中填充有空气或润滑油、冷却液等介质,因此 BFPC 结合面的热性能在介质及构成结合面零部件材料共同作用下其热性能对机床整机热性能及热力耦合性能有关键影响。因此 BFPC 结合面的力学性能及热性能对机床整机的影响是不容忽视的[9-10]。

BFPC 结合面的表征参数主要分为形貌特征参数及物理性能参数。其中形貌特征参数是指构成结合面的粗糙表面形貌描述参数,如粗糙度、表面微凸峰高度均值、表面微凸峰高度方差、表面微凸峰最大值、分形维数、特征尺度系数、接触面积和接触面积比等。

物理性能表征参数主要分为力学性能表征参数和热性能表征参数两大类。力学性能表征参数又分为静力学性能表征参数和动态性能表征参数,其中静力学性能表征参数有静刚度、静变形等;动态性能表征参数包括动刚度、动变形、阻尼、阻尼比、等效质量等。热性能表征参数包括导热系数、比热容、热膨胀系数、热刚度等。

1.4 结合面性能国内外研究现状

目前结合面的相关研究主要集中于粗糙表面形貌刻画方法、结合面接触力学性能及结合面热学性能,多对金属材料结合面在单一场域作用下结合面性能展开研究,对矿物复合材料结合面的热性能、力学性能及其力耦合性能的研究较少。

1.4.1 粗糙表面形貌刻画方法研究

机械加工表面是粗糙的,其表面存在许多微凸峰[11]。这些微凸峰在接触时因为接触面积十分微小,微凸峰实际压强远高于结合面的名义压强,微凸峰将发生弹性变形、弹塑性变形甚至塑性变形[12]。因此,结合面的接触力学性能及热性能与粗糙表面形貌特征有直接关系,建立科学有效的结合表面形貌模拟模型是研究结合面特性的基础。目前,常用的表面形貌刻画方法可以归纳为如下三类:

(1)粗糙表面形貌的统计学刻画方法。Greenwood 等提出粗糙表面微凸峰的高度值近似服从 Gauss(高斯)分布[12-15]。该方法是最早的表面形貌统计学建模方法。

(2)基于功率谱密度函数的逆傅里叶变换法。Manesh 等[14]应用非线性共轭梯度法(NCGM)代替二维数字滤波技术来进行表面形貌建模,该方法建模灵活,也比较成熟,但粗糙表面的微凸峰形成完全依赖于理论方程的求解,其求解结果与真实表面仍存在一定差异。

(3)基于分形理论的表面形貌刻画方法。Mandelbrot(曼德勃罗)提出粗糙表面轮廓具有自相似分形特征,能够应用 W-M 函数描述其形貌。Majumdar 等[15]为使 W-M 模型更适合工程应用,对 W-M 模型修正得到 M-B 模型。

上述粗糙表面形貌刻画方法已经取得较多成果也得到广泛应用,为结合面的接触力学性能及热性能提供了较好的理论及应用基础。

1.4.2　结合面接触力学性能研究现状

1.4.2.1　结合面接触力学模型研究

接触模型是研究结合面接触力学性能的理论基础,目前国内外研究较多的接触模型主要是统计接触模型和分形接触模型两种。

（1）统计接触模型

Greenwood 等[12]研究了粗糙表面形貌特征并以 Hertz(赫兹)弹性接触理论为基础,提出了基于统计分析方法的经典 G-W 接触模型,此后涌现了许多各种改进的统计接触模型。GUO 等[16]提出把结合面的接触刚度及接触阻尼作为随机分布参数处理,研究发现结合面的参数具有正态分布或近似正态分布的特点,用线性有限元模型加上具有正态分布的接触刚度、接触阻尼模型可以准确描述结构的动态特性。傅卫平等[17]基于统计接触理论和等效粗糙接触表面假设,考虑微凸体在加卸载及动态载荷下的变形特征,建立了结合面法向静、动态接触模型,获得了单位面积法向静、动态接触刚度与接触阻尼。

（2）分形接触模型

Majumdar 等[15]以分形理论为基础提出了二维粗糙表面接触模型,即 M-B 分形接触模型。Morag(莫拉格)证明了分形表面中单个微凸体的变形顺序依然是从弹性变形到弹塑性变形最后到塑性变形,与统计接触模型相一致,其研究还表明微凸体的临界接触面积是尺度相关[18]。尤晋闽等[19]建立了结合面法向动态参数的理论分形模型,揭示了接触刚度和接触阻尼与法向载荷、分形参数等因素之间的关系。张学良等[20]基于结合面法向阻尼耗能机理及 M-B 接触分形修正模型,提出了一种结合面法向接触阻尼模型及结合面的阻尼损耗因子模型。缪小梅等[21]研究了结合面的微凸体的弹性以及弹塑性接触时的卸载过程并建立了结合面的分形卸载模型。

1.4.2.2　结合面动力学特性研究

国外对结合面的研究起步较早,1967 年 Andrew 等[22]研究了机床金属结合面在工作环境中可能出现的无介质结合面以及含油结合面的情况。国内方面,2008 年王松涛[23]综合利用弹簧阻尼单元法、有限元分析和模态实验分析法对结合面动态特性的参数进行识别。2011 年,位文明[24]在结合面动态性能经验公式的基础上,建立了基于实际面压力分布的结合面有限元分析模型。2017 年,吴洁蓓[25]从粗糙面的微观接触模型出发,建立了机械结合面切向接触阻尼的理论模型,在单、双粗糙结合面切向接触阻尼的模型中,综合考虑了载荷、激振频率、动态相对位移、摩擦系数和粗糙度等结合面因素对结合面切向接触阻尼的影响,并通过实验验证了模型的正确性。

1.4.3　机床结合面热性能研究现状

两个粗糙表面接触时只有某些离散的微凸体接触在一起,在没有接触的空间中会充满空气、润滑油等介质。当热流通过接触界面时热传递方式与微观形貌的接触状态有关,总体来说分为两种:(1)通过相互接触的微凸体间的"固体-固体"传导热量;(2)通过未发生接触的空隙"固体-介质-固体"传递热量。结合面热流传递示意图如图1-3所示,因为空气、润滑油介质与接触体的导热系数存在着差异,因此热流在结合面部位传递时会受到阻力,会使结合面两边的接触体产生明显的温差,热流传递通过结合面部位所受到的阻力称为接触热阻。接触热阻受结合面的温度、预载荷、介质、构成结合面基体材料的热性能、接触表面粗糙度、环境等众多因素耦合影响。它涉及力学、热学、机械、材料等多个学科领域。

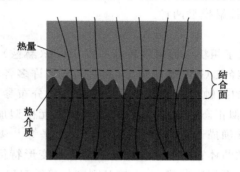

图 1-3　结合面热流传递示意图

　　国外对结合面接触热阻研究较早。1980 年,Attia 等[26] 分析了影响机床接触部件间接触压力分布的因素,采用固体接触模型研究接触压力分布对传热及结合面的整个温度场和热变形的影响。

　　20 世纪 90 年代初,在分形理论的基础上 Majumdar 等[27] 建立了接触热阻的分形网络模型,相比于以往的接触热阻模型该模型的精度更高。

　　2005 年,Yovanovich[28] 通过研究微间隙和宏观间隙的热阻和热导模型将由维氏压头确定接触显微硬度关联到接触模型中,提出了光滑球-光滑平面和协调粗糙表面形成的弹塑性接触模型。结果表明此模型与油、脂、脂填充固体颗粒和相变材料(如石蜡)占据微间隙的简单热力学模型所计算的数据吻合良好。

　　2007 年,Fieberg 等[29] 用高速红外摄像机记录两个物体在两种不同温度的初始接触和表面温度。利用半无限体的解析解和 Neumann(诺伊曼)边界条件下的阶跃响应反演热流密度,根据接触热流密度和界面温度跃变计算了接触换热系数,最终形成了一种在高温高压条件下基于瞬态红外测温的用接触换热系数求取接触热阻的实验方法。

　　国内对结合面接触热阻的研究始于 20 世纪 80 年代末。1989 年,皇甫哲[30] 将单点接触的微凸体等效成单点锥体接触模型,用有限元方法研究了仅考虑弹性变形的单点接触热阻模型,又推导并建立了多点接触热阻计算模型。

　　1992 年,顾慰兰等[31] 通过实验的方法探究了接触热阻与温度之间的关系,结果表明接触热阻与温度的变化趋势相反。

　　1996 年,殷晓静[32] 根据稳态导热微分方程的圆柱坐标表达式建立了同心圆柱套筒的接触热阻模型,该模型可以有效地分析材料性能、几何参数与接触热阻之间的关系。

　　2001 年,钟明[33] 发现单对微凸体的接触热阻与微凸峰的高度以及曲率半径有关,考虑到结合面之间每对接触的微凸体之间实际接触面积不同,引入了蒙特卡罗方法计算出每对微凸体的接触热阻。

2003 年,赵兰萍等[34]在分形接触理论的基础上建立了考虑收缩热阻的接触导热分形网络模型。对比分析了接触导热分形网络模型的预测结果与 Yovanovich(约万诺维奇)模型和 Mikic(米基奇)模型的预测结果发现,考虑收缩热阻的接触导热分形网络模型的预测结果精度更高。

2008 年,Zou 等[35]基于分形几何理论建立了粗糙表面粗糙度随机分布的接触热导随机数模型,研究表明分形参数 D 和 G 对结合面接触导热有重要影响。与其他模型的计算结果相比,该模型的计算结果更符合实际情况。

2015 年,吴阳等[36]根据结合面间微凸体的单点接触模型结合统计学理论建立了考虑弹塑性变形的三维分形模型,并通过数值模拟得出了分形维数、表面粗糙度系数与接触热阻之间的关系。

2018 年,李俊南等[37]基于分形理论建立了接触热阻分形模型,通过模型计算出不同的表面粗糙度、不同的结合面压力预载荷以及不同的结合面温度对接触热阻的影响。最后通过有限元仿真分析研究接触热阻对温度场以及热流的影响。

综上可知,目前对机床结合面的研究多以统计分析和分形理论为基础研究单纯金属结合面的粗糙表面形貌特性及其力学和热性能。对新型矿物复合材料机床中包含有矿物复合材料的结合面研究偏少甚至没有,因此本书基于矿物复合材料机床的实际需求对以 BFPC 机床结合面为代表的矿物复合材料结合面的粗糙表面形貌特征及刻画方法、BFPC-BFPC 及钢-BFPC 结合面的动态性能、BFPC-BFPC 及钢-BFPC 结合面的热性能、BFPC-BFPC 及钢-BFPC 结合面的热力耦合性能展开系统的研究。

1.5　本书主要研究内容

本书是在国家自然科学基金项目"油介质钢-矿物复合材料机床结合面多场耦合机理及动态特性研究"(编号:52005238)、"玄武岩纤维树脂混凝土机床基础件设计理论与关键技术研究"(编号:51375219)和辽宁省科技厅博士启动科研基金项目"基于虚拟材料法的钢-BFPC 机床结合面多场耦合接触特性研究"(编号:2020-BS-256)及辽宁省教育厅基本科研项目"玄武岩纤维树脂混凝土机床结合部接触特性研究"(编号:LJ2019JL030)资助下完成的。具体内容如下:

(1) 简要介绍 BFPC 材料组分构成及制造工艺,基于离散原理建立结合面实际接触面积计算方法,探讨接触压力对钢-BFPC 结合面的实际接触面积比影响的规律。

(2) 建立 BFPC-BFPC 结合面的动态性能参数检测模型,分析了其动态性能参数检测原理。通过实验检测 BFPC-BFPC 结合面在不同粗糙度及压力载荷作用下的动刚度和阻尼,探讨了粗糙度和压力载荷对 BFPC-BFPC 结合面的动刚度和阻尼影响的规律。

(3) 分析 BFPC-BFPC 结合面的导热形式,通过实验检测 BFPC 材料的导热性能,探讨了不同压力载荷对 BFPC-BFPC 结合面的导热系数影响的规律。建立了 BFPC-BFPC 结合面的热性能虚拟材料仿真模型,采用有限元软件分析 BFPC-BFPC 结合面的热性能,分别通过温度检测实验和红外成像实验验证仿真分析的正确性。

（4）通过仿真分析方法研究 BFPC-BFPC 组合试件在单独热载荷、力载荷及热力耦合载荷作用下的应变和应力，分析热载荷与力载荷耦合作用对 BFPC-BFPC 结合面热性能和力学性能之间影响的规律。

（5）以建立的离散实际接触面积计算方法为基础，根据分形接触理论建立"离散-分形"接触刚度理论模型。通过理论建立钢-BFPC 结合面的虚拟材料模型并推导相关等效参数。为检验"离散-分形"接触刚度理论模型和虚拟材料仿真模型的正确性，以某型 BFPC 车床床身为实例，通过仿真分析和模态实验检测理论模型的正确性。

（6）基于虚拟材料法建立钢-BFPC 结合面热性能的理论和仿真模型，分析压力预载荷对钢-BFPC 结合面等效热性能参数的影响规律，并建立相应的数学拟合模型。

（7）将有限元仿真分析与虚拟材料法相结合通过仿真分析的方式研究钢-BFPC 结合面的热性能。通过热成像实验检验仿真分析的钢-BFPC 结合面热性能的准确性。

（8）以钢-BFPC 结合面试件为研究对象，利用建立的钢-BFPC 结合面虚拟材料模型采用仿真分析的方式研究热载荷与力载荷耦合作用对钢-BFPC 结合面性能影响的规律。

（9）以某型同时包含 BFPC-BFPC 结合面和钢-BFPC 结合面的 BFPC 龙门框架组件为研究对象，分别研究忽略和考虑结合面时的 BFPC 龙门框架组件综合性能。采用参数优化方法对结合面参数进行优化设计并验证优化后 BFPC 龙门框架组件综合性能。

参考文献

［1］刘显波，何恩元，龙新华，等.时滞作用下切削系统的时频响应特性研究［J］.振动与冲击，2020，39（6）：8-14.

［2］CHENG Q，ZHAO H，ZHAO Y，et al. Machining accuracy reliability analysis of multi-axis machine tool based on Monte Carlo simulation［J］. Journal of intelligent manufacturing，2018，29（1）：191-209.

［3］王丽娜，田文杰，张大卫，等.数控机床几何精度设计指标确定方法研究［J］.机械工程学报，2020，56（1）：166-174.

［4］SHEN J X，XU P，YU Y H. Dynamic characteristics analysis and finite element simulation of steel-BFPC machine tool joint surface［J］. Journal of manufacturing science and engineering，2020，142（1）：011006-1-011006-10.

［5］徐平.钢纤维聚合物混凝土机床基础件设计与制造［M］.沈阳：东北大学出版社，2009.

［6］党会鸿.机械结合面接触刚度研究［D］.大连：大连理工大学，2015.

［7］孙见君，张凌峰，於秋萍，等.基于粗糙表面分形表征新方法的结合面法向接触刚度模型［J］.振动与冲击，2019，38（7）：212-217.

［8］陈建江，原园，成雨，等.尺度相关的分形结合面法向接触刚度模型［J］.机械工程学报，2018，54（21）：127-137.

［9］时华栋.环境温度对床身热态性能影响分析［D］.济南：山东大学，2012.

［10］王佳.机床固定结合面接触热阻的研究［D］.天津：天津大学，2018.

［11］张毅.粗糙表面接触动力学特性的微观构造特征测试研究［D］.南京：南京理工大

学,2016.

[12] GREENWOOD J A, WILLIAMSON J. Contact of nominally flat surfaces[J]. Proceedings of the royal society of London series a mathematical and physical sciences, 1966, 295:300-319.

[13] ZHAO B, ZHANG S, KEER L M. Semi-analytical and numerical analysis of sliding asperity interaction for power-law hardening materials[J]. Wear, 2016, 364/365: 184-192.

[14] MANESH K K, RAMAMOORTHY B, SINGAPERUMAL M. Numerical generation of anisotropic 3D non-Gaussian engineering surfaces with specified 3D surface roughness parameters[J]. Wear: an international journal on the science and technology of friction, lubrication and wear, 2010, 268(11/12):1371-1379.

[15] MAJUMDAR A, BHUSHAN B. Fractal model of elastic-plastic contact between rough surfaces[J]. Journal tribology, 1991, 113(1):1-11.

[16] GUO Q T, ZHANG L M. Identification of the mechanical joint parameters with model uncertainty[J]. Chinese journal of aeronautics, 2005, 18(1):47-52.

[17] 傅卫平,娄雷亭,高志强,等. 机械结合面法向接触刚度和阻尼的理论模型[J]. 机械工程学报, 2017, 53(9):73-82.

[18] 任乐. 粗糙表面加载卸过程有限元分析[D]. 西安:西安理工大学, 2012.

[19] 尤晋闽,陈天宁. 结合面法向动态参数的分形模型[J]. 西安交通大学学报, 2009, 43(9):91-94.

[20] 张学良,丁红钦,兰国生,等. 基于分形理论的结合面法向接触阻尼与损耗因子模型[J]. 农业机械学报, 2013, 44(6):287-294.

[21] 缪小梅,黄筱调. 结合面卸载分形模型[J]. 农业机械学报, 2014, 45(6):329-332.

[22] ANDREW C, CICKBURN J A, WARING A E. Paper 22:metal surfaces in contact under normal forces:some dynamic stiffness and damping characteristics[J]. Proceedings of the institution of mechanical engineers, conference proceedings, 1967, 182(11):92-100.

[23] 王松涛. 典型机械结合面动态特性及其应用研究[D]. 昆明:昆明理工大学, 2008.

[24] 位文明,刘海涛,张俊,等. 基于实际面压力分布的结合面有限元建模方法[J]. 中国科技论文在线, 2011, 6(8):563-567.

[25] 吴洁蓓. 机械结合面切向接触阻尼的理论计算模型研究[D]. 西安:西安理工大学, 2017.

[26] ATTIA M H, KOPS L. Importance of contact pressure distribution on heat transfer in structural joints of machine tools[J]. Journal of engineering for industry, 1980, 102(2):159-167.

[27] MAJUMDAR A, TIEN C L. Fractal network model for contact conductance[J]. Journal of heat transfer, 1991, 113(3):516-525.

[28] YOVANOVICH M M. Four decades of research on thermal contact, gap, and joint resistance in microelectronics[J]. IEEE transactions on components and packaging technologies, 2005, 28(2):182-206.

[29] FIEBERG C, KNEER R. Determination of thermal contact resistance from transient

temperature measurements[J]. International journal of heat and mass transfer,2008, 51(5/6):1017-1023.

[30] 皇甫哲.金属接触面传热热阻的研究[D].西安:西安交通大学,1989.

[31] 顾慰兰,杨燕生.温度对接触热阻的影响[J].南京航空航天大学学报,1994,26(3): 342-350.

[32] 殷晓静.同心圆柱套筒间接触热阻研究(Ⅰ):数学模型[J].北京科技大学学报,1996, 18(4):383-386.

[33] 钟明.接触热阻及双层组合介质温度场的研究[D].合肥:中国科学技术大学,2001.

[34] 赵兰萍,徐烈.固体界面间接触导热的分形模型[J].同济大学学报(自然科学版), 2003,31(3):296-299.

[35] ZOU M Q,YU B M,CAI J C,et al. Fractal model for thermal contact conductance [J]. Journal of heat transfer,2008,130(10):101301-1-10130-9.

[36] 吴阳,张学良,温淑花,等.机床固定结合面接触热导三维分形模型[J].太原科技大学 学报,2015,36(5):368-374.

[37] 李俊南,张锁怀,吕超颖,等.分布式拉杆转子轮盘结合面接触热阻建模与分析[J].汽 轮机技术,2018,60(4):267-270.

第 2 章　BPFC 结合面实际接触面积离散计算方法

现有结合面实际接触面积的计算方法多以分形接触理论为基础,该方法在计算实际接触面积时需要确定微凸体中最大接触面积,而该面积确定和准确计算较困难导致难以确定结合面实际接触面积。为解决此问题,本章以 BFPC 结合面的接触印记拓片为研究对象,提出一种基于离散原理的结合面实际接触面积比的计算方法,并以三类拓扑结构的接触拓片为实例对这一方法的可靠性进行验证。最后分析压力载荷对钢-BFPC 结合面实际接触面积比影响的规律,得出其关系表达式,利用接触面积比反推得到结合面实际接触面积大小。

2.1　BFPC 材料组分构成及制造工艺

BFPC 材料是一种以玄武岩颗粒为骨料、以粉煤灰为填充剂、以环氧树脂等为胶结剂、以玄武岩纤维为增强相的一种新型矿物复合材料。其主要成分作用和参数如下:

(1) 玄武岩骨料

玄武岩骨料是 BFPC 材料的主体构成部分。玄武岩骨料共有 5 种不同尺寸的粒径,分别为 5~10 mm、2.5~5 mm、1.2~2.5 mm、0.85~1.2 mm、0.55~0.85 mm[1-3]。

(2) 玄武岩纤维

玄武岩纤维的作用是在 BFPC 材料的各组分之间起到“联结”增强的作用,能够提高 BFPC 材料抗拉强度和劈裂强度。BFPC 材料使用的玄武岩纤维长度为 10 mm。

(3) 粉煤灰填料

BFPC 材料使用的粉煤灰填料为三等,粉煤灰颗粒大小约为 50 μm。粉煤灰填料的作用是填充骨料和增强纤维之间的缝隙,并且该组分还可以起到约束分子间的相对滑动,增大应变和应力之间相位的作用,能够提高 BFPC 材料自身的阻尼性[1-3]。

(4) 环氧树脂

BFPC 材料使用的环氧树脂是由 E-44 和 E-51 按照质量比 40:60 混合制成的。环氧树脂的作用是将 BFPC 材料的各组分充分结合并黏结到一起,起到黏结剂的作用,同时环氧树脂还具有较高的阻尼性,起到提高 BFPC 材料阻尼的作用[1-3]。

(5) 偶联剂

使用的偶联剂是工业级的 KH-550,其作用是改变玄武岩纤维的表面状态使之表面变粗糙而能够更好地与环氧树脂及其他组分固结到一起[1-3]。

（6）固化剂

使用的固化剂是 T-31。因为环氧树脂具有很强的黏稠性，自然固化的周期较长。固化剂 T-31 能与环氧树脂发生化学反应，起到催化快速凝结的作用。

（7）增韧剂

BFPC 材料使用的增韧剂是 DBP。因固化后的环氧树脂具有一定的脆性，其受力后容易断裂，抗破坏能力较弱，使用增韧剂可以增加环氧树脂固化物的韧性，进而提高材料的抗破坏能力[1-3]。

BFPC 材料各组分的配比如表 2-1 所示。

表 2-1　BFPC 组分配比

配料	比例	配料	比例
1 号骨料 0.55～0.85 mm	5%	粉煤灰	9%
2 号骨料 0.85～1.2 mm	45%	环氧树脂	6.5%
3 号骨料 1.2～2.5 mm	16%	增韧剂	1.5%
4 号骨料 2.5～5 mm	8%	固化剂	2.60%
5 号骨料 5～10 mm	6%	玄武岩纤维	0.4%

BFPC 材料的制造工艺如下：

（1）首先用粉碎机将玄武岩骨料粉碎，然后用筛子按照 0.55～0.85 mm、0.85～1.2 mm、1.2～2.5 mm、2.5～5 mm、5～10 mm 粒径进行筛选。再对筛选好的玄武岩骨料进行清洗、烘干。

（2）按照各种粒径骨料比例称取骨料，并均匀混合。

（3）按照粉煤灰的比例称取粉煤灰填料，并将填料均匀混合到骨料中。

（4）将玄武岩纤维剪切为长度 10 mm 的小段，并采用偶联剂溶液对玄武岩纤维偶联处理 30 min，然后用 70 ℃清水清洗掉玄武岩纤维表面的偶联剂，最后用恒温烘干箱将温度设为 80 ℃对玄武岩纤维进行烘干 1.5 h。

（5）按照比例称取两种环氧树脂，均匀混合，并将环氧树脂和玄武岩纤维添加到玄武岩骨料和粉煤灰填料混合物中搅拌均匀。

（6）按照比例称取增韧剂和固化剂，并将它们添加到玄武岩骨料混合物中均匀搅拌。

（7）成型前在模具的内壁涂上一层脱模剂，接着将搅拌均匀的 BFPC 逐层加入模具之中，逐层捣实。浇注时注意将模具的四角捣实。

（8）将浇注好的试件在阴凉通风处保养 7 d 后拆除模具，将脱模后的试件继续在阴凉通风处固化 30 d，保证试件内部充分固化。

BFPC 材料的制作工艺流程如图 2-1 所示。

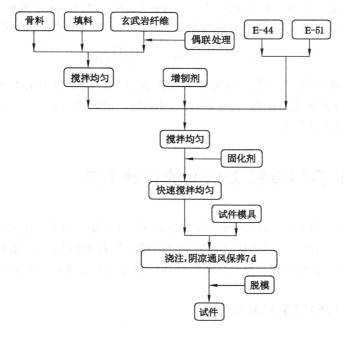

图 2-1　BFPC 材料制造工艺

2.2　结合面实际接触面积分形计算方法

Mandelbort[4]在研究海洋岛屿的面积分布规律的时候发现岛屿面积分布与幂函数规律相类似,即

$$N(A > a) = a^{-\frac{D}{2}} \tag{2-1}$$

式中　N——面积大于 a 的岛屿的数量之和;

　　　D——岛屿海岸线的分形维数。

由于粗糙表面与海洋岛屿面积分布相似,具有分形特征,所以假设当粗糙平面与理想状态的光滑平面接触时,接触点的分布规律与海洋上岛屿的分布规律相同,即接触点的数目为

$$N(A > a) \sim a^{-\frac{D}{2}} \tag{2-2}$$

研究表明[4],垂直轮廓线的分形维数 D 同样适用于式(2-1)。假设最大接触点的面积为 a_1,它的数量为 1,将其代入式(2-1)有

$$N(A > a) = \left(\frac{a_1}{a}\right)^{\frac{D}{2}} \tag{2-3}$$

因此接触点的面积分布密度为

$$n(a) = \left|\frac{dN}{da}\right| = \frac{D}{2} \cdot \frac{a_1^{\frac{D}{2}}}{a^{\left(\frac{D}{2}+1\right)}} \tag{2-4}$$

由上式可见,随着接触点的面积趋于 0,它的数量趋于无穷,因为粗糙表面在很小的尺度上也是分形的,所以假设最小接触点的面积 a_s 趋于 0,于是总的接触面积为

$$A_r = \int_0^{a_1} n(a)a\,\mathrm{d}a = \frac{D}{2-D}a_1 \qquad (2\text{-}5)$$

由式(2-5)可知,若想计算出实际接触面积需先寻找出接触面中最大接触点,并准确计算出最大接触点的实际接触面积,这在实际应用中是难以准确获取的。因此需要研究接触面实际接触面积的新计算方法。

2.3 结合面实际接触面积离散计算方法

为弥补结合面实际接触面积分形计算方法的不足,研发一种基于离散原理的结合面实际接触面积计算新方法。该方法是先制造结合面的实际接触区域印记拓片,然后以拓片为研究对象,基于离散思想和 MATLAB 图像处理功能计算结合面的实际接触面积。

2.3.1 结合面接触印记拓片获取

BFPC 结合面的接触印记拓片是通过实验方式获得的。BFPC 试件为 100 mm×100 mm×100 mm 的正方体。

对钢-BFPC 结合面实际接触面积比的研究过程中,需要用到不同压力载荷下的钢-BFPC 结合面接触印记拓片,本小节将通过实验获得不同压力预载荷的钢-BFPC 结合面接触印记拓片。具体步骤为:首先在 BFPC 试件的接触表面采用车削的方式进行机械加工提高试件的表面质量,使其粗糙度为 $Ra6.3$。然后在 BFPC 试件的机械加工表面涂覆一层印记涂料,将其水平放置在液压机的载物台上,调整好其位置,再用压力机分别设置压力预载荷为 0.2 MPa、0.4 MPa、0.6 MPa、0.8 MPa 和 1.0 MPa,这样印记涂料便将结合面接触印记印到了钢试件的表面,同时利用高分辨率的相机拍摄钢试件表面的接触印记拓片。最后保留不同压力载荷的钢-BFPC 结合面的涂料印记拓片。实验现场如图 2-2 所示。

图 2-2　拓片获取实验

获得的接触印记拓片如图 2-3 所示,该图为压力载荷为 0.6 MPa 时的钢-BFPC 结合面接触印记拓片。

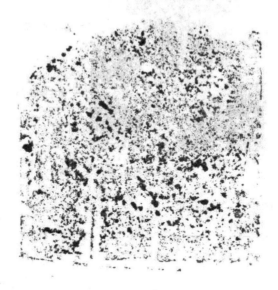

图 2-3　钢-BFPC 结合面接触印记拓片

2.3.2　实际接触面积比离散计算方法

2.3.2.1　离散计算方法原理

钢-BFPC 结合面的接触印记拓片如图 2-3 所示,将其进行 N 等分离散化处理,得到 N^2 个单元。如图 2-4 中根据各单元是否实际接触,将离散单元分为接触单元和非接触单元两类,在图 2-4 中阴影部分即为接触单元,非接触单元区域以白色表示。其中,接触单元又分为内接触单元 N_i 和边界接触单元 N_b 两类。内接触单元是指该单元的上下左右四个方向的单元皆是接触单元,边界接触单元是指该单元的上下左右四个方向的单元存在非接触单元。图中总接触单元的数量 N_a 为内接触单元 N_i 与边界接触单元 N_b 的数量之和。

为进一步讨论,设现有一接触印记拓片如图 2-5 所示,其为边长为 L 的正方形,将印记拓片的长和宽分别进行 N 等分,则印记拓片被分为 N^2 个面积相等的正方形离散单元,每个离散单元的边长 $\Delta x = L/N$,每个离散单元的面积为 $(\Delta x)^2$。如图 2-5(a)所示,当结合面拓片 $N=2$ 等分时,每个离散单元均包含有接触部分,则接触单元总数 $N_a = 4$,离散化后实际接触面积为 $4(L/2)^2 = L^2$,离散接触面积比 $\lambda_a = 1$;如图 2-5(b)所示,当结合面拓片 $N=4$ 等分时,接触单元总数 N_a 与边界接触单元数 N_b 相等,为 $N_a = N_b = 9$,离散化后实际接触面积为 $9(L/4)^2$,离散接触面积比 $\lambda_a = 9/16$;如图 2-5(c)所示,当结合面拓片 $N=8$ 等分时,内接触单元总数 $N_i = 5$,边界接触单元数 $N_b = 18$,离散接触单元数 $N_a = N_i + N_b = 23$,离散化后实际接触面积为 $23(L/8)^2$,离散接触面积比 $\lambda_a = 23/64$。数值求解过程中,当 $N \to \infty$

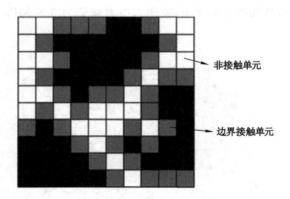

图 2-4　结合面数值仿真示意图

时,离散计算的结果趋于实际接触面积。

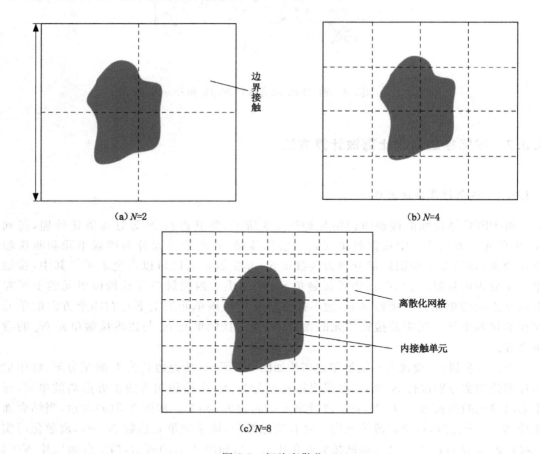

图 2-5　拓片离散化

用正方形边界接触单元的面积代替实际边界接触面积时,实际接触面积 A_r 和离散接触面积比 λ_a 分别为

$$A_{\mathrm{r}} = \Delta x^2 N_{\mathrm{a}} \tag{2-6}$$

$$\lambda_{\mathrm{a}} = \frac{A_{\mathrm{r}}}{A_{\mathrm{a}}} = \frac{N_{\mathrm{a}}(\Delta x)^2}{N^2 (\Delta x)^2} \tag{2-7}$$

由图 2-5 可以看出,用正方形单元代替实际接触区域时,内接触单元的离散正方形单元面积与实际接触面积相等,但边界接触单元的面积往往大于实际接触面积,因此直接用正方形边界接触单元的面积代替实际边界接触面积会导致计算的离散面积大于实际接触面积,所以有必要分析接触边界位于边界接触单元不同位置时实际接触面积与边界接触单元面积的比例关系。

假设离散单元数量 N^2 趋于无穷大,则实际接触面积 A_{r} 和离散接触面积比 λ_{a} 分别为:

$$A_{\mathrm{r}} = (\Delta x)^2 \left[N_{\mathrm{i}} + (1-\beta) N_{\mathrm{b}} \right] \tag{2-8}$$

$$\lambda_{\mathrm{a}} = \frac{A_{\mathrm{r}}}{A_{\mathrm{n}}} \approx \frac{N_{\mathrm{a}} \Delta x^2}{N^2 \Delta x^2} - \beta \frac{N_{\mathrm{b}} \Delta x^2}{N^2 \Delta x^2} = \frac{N_{\mathrm{a}} - \beta N_{\mathrm{b}}}{N^2} \tag{2-9}$$

式中　β——接触边界修正系数,$0 < \beta < 1$。

如图 2-6 所示,结合面的实际接触边界通常是曲线,采用曲线边界单元代替正方形单元可以进一步提高计算精度,因此用与正方形单元边长相等的四分之一圆代替正方形边界接触单元。

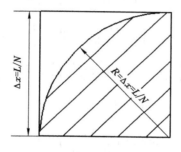

图 2-6　矩形边界转化关系

所以,修正后的实际接触面积 A_{r} 与离散化接触面积比 λ_{a} 可以估算为

$$A_{\mathrm{r}} = N_{\mathrm{a}}(\Delta x)^2 - \frac{\pi}{4} \beta (\Delta x)^2 N_{\mathrm{b}} = \frac{(4N_{\mathrm{a}} - \pi \beta N_{\mathrm{b}}) L^2}{4N^2} \tag{2-10}$$

$$\lambda_{\mathrm{a}} = \frac{A_{\mathrm{r}}}{A_{\mathrm{n}}} = \frac{N_{\mathrm{a}}(\Delta x)^2 - \dfrac{\pi}{4} \beta (\Delta x)^2 N_{\mathrm{b}}}{N^2 (\Delta x)^2} = \frac{4N_{\mathrm{a}} - \pi \beta N_{\mathrm{b}}}{4N^2} \tag{2-11}$$

2.3.2.2　接触边界修正系数 β 的计算

提取某单个边界接触单元为研究对象,设接触分割线将单个离散单元划分为非接触区和接触区,图中白色区域为非接触区,阴影区域为接触区,如图 2-7 所示。因为实际接触边界是随机且均匀分布在离散单元内的,所以接触边界与离散单元边界的交点也是随机且均匀分布的,综上可以得到关于 t 与 θ 的函数 β 的公式:

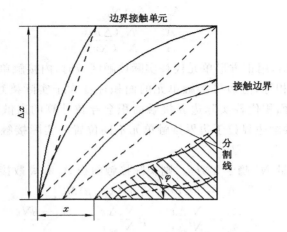

图 2-7 离散单元接触面积示意图

$$
\beta(t,\theta) =
\begin{cases}
\dfrac{1}{2}(\Delta x-t)^2\tan\theta, & 0\leqslant\theta<\arctan\left(\dfrac{\Delta x}{\Delta x-t}\right) \\[2mm]
\Delta x^2-t\Delta x-\dfrac{\Delta x^2}{2\tan\theta}, & \arctan\left(\dfrac{\Delta x}{\Delta x-t}\right)\leqslant\theta<\arctan\left(\dfrac{\Delta x}{\Delta x-2t}\right),\quad t<\dfrac{\Delta x}{2} \\[2mm]
\Delta xt+\dfrac{\Delta x^2}{2\tan\theta}, & \arctan\left(\dfrac{\Delta x}{\Delta x-2t}\right)\leqslant\theta<\dfrac{\pi}{2},\quad t<\dfrac{\Delta x}{2} \\[2mm]
\Delta x^2-t\Delta x-\dfrac{\Delta x^2}{2\tan\theta}, & \arctan\left(\dfrac{\Delta x}{\Delta x-t}\right)\leqslant\theta<\dfrac{\pi}{2},\quad t\geqslant\dfrac{\Delta x}{2} \\[2mm]
-t^2\tan\theta, & \theta>\pi-\arctan\left(\dfrac{\Delta x}{t}\right) \\[2mm]
t\Delta x+\dfrac{\Delta x^2}{2\tan\theta}, & \pi-\arctan\left(\dfrac{\Delta x}{2t-\Delta x}\right)\leqslant\theta<\pi-\arctan\left(\dfrac{\Delta x}{t}\right),\quad t\geqslant\dfrac{\Delta x}{2} \\[2mm]
\Delta x^2-t\Delta x-\dfrac{\Delta x^2}{2\tan\theta}, & \dfrac{\pi}{2}\leqslant\theta<\pi-\arctan\left(\dfrac{\Delta x}{2t-\Delta x}\right),\quad t\geqslant\dfrac{\Delta x}{2} \\[2mm]
\Delta xt+\dfrac{\Delta x^2}{2\tan\theta}, & \dfrac{\pi}{2}\leqslant\theta<\pi-\arctan\left(\dfrac{\Delta x}{t}\right),\quad t<\dfrac{\Delta x}{2}
\end{cases}
$$

(2-12)

式中 β——接触区面积占单元区面积比例;

t——接触分割线与单元下边线交点到单元格角点距离, $t\in[0,\Delta x]$;

θ——接触分割线与单元边线的夹角, $\theta\in[0,\pi]$。

因为 x 和 φ 是均匀分布的,则根据式(2-13)可得边界接触面积的均值,即接触边界修正系数 β 为[5]

$$
\beta=\frac{\langle A(t,\theta)\rangle}{\Delta x^2}=\int_0^\pi\int_0^{\Delta x}A(t,\theta)\,\mathrm{d}t\mathrm{d}\theta\approx0.150\,387
$$

(2-13)

结合式(2-10)、式(2-11)和式(2-12)可以进一步得到

$$
A_r=N_a(\Delta x)^2-\frac{\pi}{4}\beta(\Delta x)^2N_b=\frac{(4N_a-0.472\,2N_b)L^2}{4N^2}
$$

(2-14)

$$\lambda_a = \frac{A_r}{A_n} = \frac{4N_a - 0.472\,2N_b}{4N^2} \tag{2-15}$$

式中 A_r——离散实际接触面积;

A_n——离散实际接触面积比;

N——离散等分份数;

N_a——总接触单元数量;

N_b——边界接触单元数量。

采用 MATLAB 软件结合图像判别技术,开发适用于结合面接触面积数值分析的计算程序,流程如图 2-8(下页)所示。具体流程为:将结合面拓片图像导入 MATLAB 软件生成图像矩阵数据,由于接触区域占总面积的比重较小,为便于观察和后续对接触区域和非接触区域判别,通过灰度处理(黑白逆向转化)将灰度图中黑色接触区域转化为白色显示,同理将白色非接触区域转化为黑色显示。根据需要将图片离散化处理,提取各个离散单元并判别是否为接触单元。当提取单元位于图片的边界且是接触单元时则认为该单元为图片边界的边界接触单元,并统计其单元数 N_{b2};当提取单元位于图片内部且为接触单元时,则进一步判别该单元是内接触单元还是边界接触单元,同时分别统计图片内部的边界接触单元数 N_{b1} 和内接触单元数 N_i;当拓片所有离散单元都判别后,将图片内部的边界接触单元数 N_{b1} 和图片边界的边界接触单元数 N_{b2} 相加得到总边界接触单元数 N_b;最后利用式(2-14)和式(2-15)计算得到钢-BFPC 结合面离散接触面积和离散接触面积比。

2.4   结合面实际接触面积比离散计算方法检验

本节通过实例分别通过理论和离散计算方法计算规则图形的接触印记拓片的接触面积和接触面积比,并通过对比方法验证离散计算方法的准确性。

MATLAB 中图像以矩阵的形式进行存储[6],因此可以使用 MATLAB 通过数学函数实现对图像的处理。为便于处理和分析以图像灰度处理消除色彩值的影响。如图 2-9 所示,左侧彩图(软件中显示)对应的是色彩值矩阵,中间图形的右图是经过灰度处理后的灰度值矩阵。灰度值矩阵中的元素值为 0 时表示的像素为黑色,元素值为 255 时表示的像素为白色,其他大于 0 小于 255 的则显示为不同亮度的灰色。

由于接触区域占总面积的比重较小,为便于观察和后续接触区域和非接触区域判别,通过黑白逆向转化将灰度图中黑色接触区域转化为白色显示,同理将白色非接触区域转化为黑色显示,如图 2-10(a)所示。

为寻找离散接触面积比与图像离散化处理时等分份数的变化规律,将图像按照不同份数将图像矩阵进行分块处理,再对分块矩阵进行数据处理以判别该矩阵代表的单元是否是接触单元。接下来提取各个离散单元并判别其是否为接触单元,并根据式(2-15)计算得到接触印记拓片的实际接触面积比。对上述图像进行分块离散化处理后,其中取 $N=1$ 的计算结果如图 2-10(b)所示。

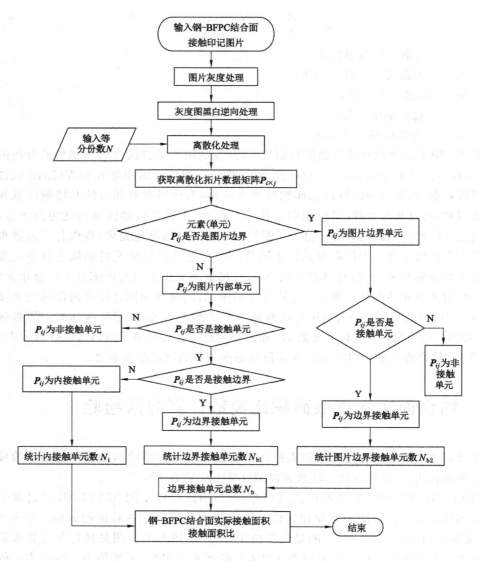

图 2-8　粗糙面接触面积分析数值计算流程图

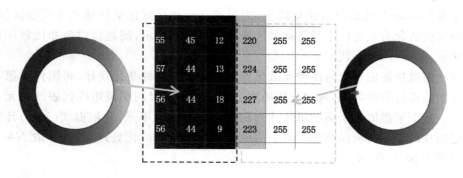

图 2-9　图像及其数据矩阵

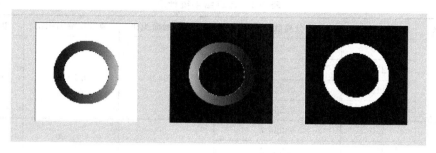

（a）反向灰度处理与分块

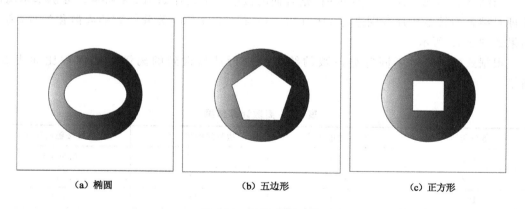

（b）计算结果

图 2-10　分块处理结果显示

　　为验证离散法的准确性,本节选取了三类拓扑结构的接触图片进行对比验证,三类拓扑结构如图 2-11 所示。

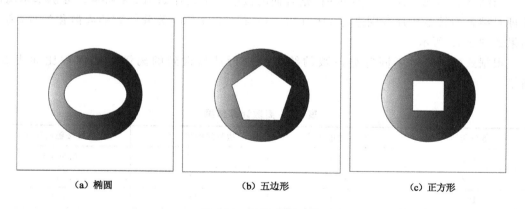

| （a）椭圆 | （b）五边形 | （c）正方形 |

图 2-11　选取验证对象

　　图 2-11 所示选用的图像均为 10 cm×10 cm 的正方形图像,计算区域为图中阴影区域,采用上述方法的离散计算结果和理论计算结果如表 2-2 所示。

表 2-2　计算结果统计表

验证对象	离散份数 N	不同等分离散接触面积比	理论接触面积比	离散接触面积比	相对误差值
(a)	550	0.234 0	0.194 9	0.193 9	0.516%
	275	0.236 8			
	110	0.246 0			
	55	0.257 9			
(b)	550	0.226 7	0.189 7	0.187 6	1.12%
	275	0.230 2			
	110	0.238 0			
	55	0.253 1			
(c)	550	0.312 3	0.247 7	0.242 7	2.06%
	275	0.314 1			
	110	0.321 5			
	55	0.333 2			

　　由表 2-2 可以看出,基于离散原理计算的图像的实际接触面积比与理论计算得到的图像实际接触面积比之间的误差均小于 2.06%,证明以离散原理对结合面实际接触面积比进行计算分析结果准确,具有可应用性。

2.5　结合面实际接触面积比计算

　　当结合面预载荷为 0.6 MPa 时,结合面的接触印记拓片如图 2-3 所示。分别基于离散原理对结合面接触拓片分别进行 110、132、165、220、330、660 等分份数的离散化处理,离散结果如图 2-12 所示。

　　根据式(2-15)对不同等分份数的结合面进行计算得到的离散接触面积比如表 2-3所示。

表 2-3　离散计算结果

等分份数	总接触单元数	边界接触单元数	离散接触面积比
110	7 654	3 002	0.563 6
132	8 706	4 702	0.481 0
165	12 308	7 136	0.423 4
220	18 500	10 069	0.357 0
330	30 056	16 534	0.261 1
660	79 556	34 998	0.164 0

　　由表 2-3 可以看出,随着等分份数的增加,结合面的离散实际接触面积比逐渐减小。拟合曲线和样本数据之间的关系如图 2-13 所示。

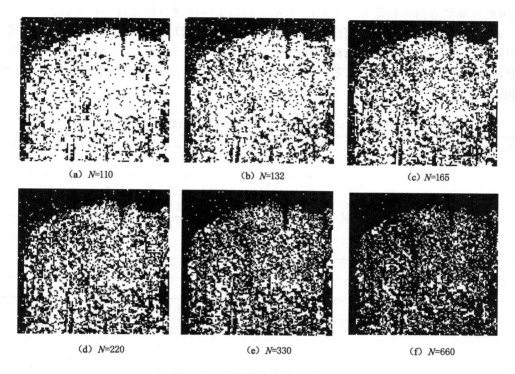

(a) N=110　　　　　(b) N=132　　　　　(c) N=165

(d) N=220　　　　　(e) N=330　　　　　(f) N=660

图 2-12　不同等分份数离散结果

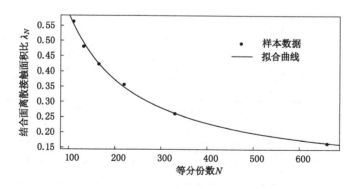

图 2-13　接触面积比与等分份数拟合曲线

　　由图 2-13 可以更加直观地看出结合面接触面积比随着离散等分份数的变化规律近似符合有理数逼近的变化规律,利用 MATLAB 中的拟合工具箱通过有理数逼近建立等分份数和离散接触面积比的函数关系。拟合结果为

$$\lambda_N = \frac{0.055\ 43N + 80.02}{N + 44.9} \tag{2-16}$$

式中　λ_N——结合面预载荷为 0.6 MPa 时离散接触面积比之间的拟合函数;

　　　　N——离散等分份数。

　　根据式(2-16)可知,当离散等分份数 $N \rightarrow +\infty$ 时,离散接触面积比即为实际接触面

比,因此可知结合面预载荷为 0.6 MPa 时结合面的实际接触面积比为 0.055 43。

通过对不同预载荷下的结合面接触印记拓片采用 110、132、165、220、330、660 等分份数进行离散化处理,统计得到预载荷为 0.2 MPa、0.4 MPa、0.6 MPa、0.8 MPa 和 1.0 MPa 下结合面的边界接触单元数、总接触单元数以及钢-BFPC 结合面的离散接触面积比,统计结果如表 2-4 所示。

表 2-4 不同预载荷和等分份数的结合面离散单元数量与接触面积比统计

结合面预载荷 P/MPa	等分份数	边界接触单元数	总接触单元数	离散接触面积比
0.2	110	6 685	2 650	0.487 0
	132	7 002	3 008	0.429 1
	165	9 568	3 700	0.365 4
	220	11 096	4 723	0.304 8
	330	17 567	8 562	0.216 4
	660	52 336	14 235	0.129 4
0.4	110	7 006	4 762	0.514 8
	132	7 998	5 123	0.465 9
	165	11 230	5 800	0.390 8
	220	15 600	7 756	0.318 6
	330	26 533	12 005	0.228 1
	660	68 897	23 667	0.147 6
0.6	110	7 654	3 002	0.563 6
	132	8 706	4 702	0.481 0
	165	12 308	7 136	0.423 4
	220	18 500	10 069	0.357 0
	330	30 056	16 534	0.261 1
	660	79 556	34 998	0.164 0
0.8	110	8 006	3 562	0.606 1
	132	9 564	5 546	0.540 0
	165	13 368	8 065	0.476 4
	220	20 536	12 589	0.374 0
	330	36 578	21 245	0.281 1
	660	87 521	45 213	0.185 4
1.0	110	8 163	3 660	0.643 1
	132	10 603	5 659	0.567 6
	165	14 468	8 695	0.501 2
	220	21 253	13 699	0.406 2
	330	35 950	23 288	0.309 8
	660	93 893	50 177	0.199 5

　　由表 2-4 中的数据绘制得到如图 2-14 所示的等分份数、结合面预载荷与结合面离散实际接触面积比的关系。

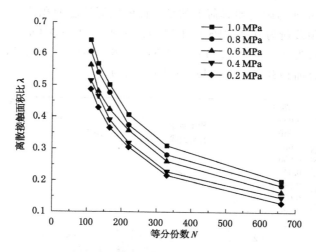

图 2-14　不同等分份数与预载荷作用下的离散接触面积比

　　根据图 2-14 可知结合面的离散接触面积比 λ 随着离散等分份数 N 的增加而逐渐减小。当结合面的预载荷增加时结合面的离散接触面积比也变大;而当预载荷较小时,结合面的离散接触面积比增大的速率变化较小,当预载荷为 0.8 MPa 和 1 MPa 时结合面的离散接触面积比变化相对较大。从图中也可以看出,随着离散等分份数的逐渐增加,预载荷对结合面的离散接触面积比的影响逐渐减弱。

　　依次对不同结合面预载荷下的离散接触面积比进行拟合,结果如下式,各系数如表 2-5 所示。

$$\lambda_P = \frac{aN + b}{N + c} \tag{2-17}$$

式中　λ_P——预载荷为 P 时结合面接触面积比。

表 2-5　拟合公式系数

压力 P/MPa	$a/(\times 10^{-2})$	b	c	R^2	误差平方和
0.2	2.389	75.97	51.81	0.999 3	5.981E−05
0.4	4.214	72.95	39.27	0.998 5	1.458E−04
0.6	5.543	80.02	44.9	0.997 2	3.042E−04
0.8	6.336	85.83	42.3	0.998 1	2.38E−04
1.0	7.092	94.32	49.12	0.999 5	6.761E−05

注:R^2 为拟合过程中用到的系数。

　　对式(2-17)求极限可得

$$\lambda = \lim_{N \to \infty} \lambda_P = \lim_{N \to \infty} \frac{aN + b}{N + c} = a \tag{2-18}$$

式中　λ——确定预载荷的结合面实际接触面积比。

由式(2-18)可知,离散等分份数 N 趋于无穷大时,基于离散原理计算的结合面实际接触面积趋近于真实接触面积,而离散等分份数 $N\to\infty$ 时,不同结合面预载荷下的离散接触面积比 $\lambda_P=a$,所以 a 即为确定预载荷下的结合面的实际接触面积比。

所以当结合面预载荷为 0.2 MPa、0.4 MPa、0.6 MPa、0.8 MPa、1.0 MPa 时,结合面的实际接触面积比依次为 2.389%、4.214%、5.543%、6.336%、7.092%,绘制得到结合面实际接触面积比随结合面预载荷变化的规律如图 2-15 所示。

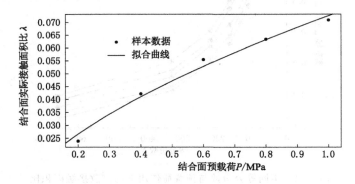

图 2-15　实际接触面积比与结合面预载荷关系

根据图 2-15 可知,结合面实际接触面积比随结合面预载荷变化的规律近似为幂函数关系,因此选用幂函数进行拟合得到结合面实际接触面积比与预载荷关系为

$$\lambda = 0.072\,64P^{0.624\,5} \tag{2-19}$$

根据实际接触面积比含义可以得到结合面的实际接触面积为

$$A_r = \lambda A_n \tag{2-20}$$

2.6　本章小结

本章针对传统分形理论的实际接触面积计算方法存在的难以确定最大接触点面积导致实际接触面积计算困难复杂的问题,研发一种基于离散原理的结合面实际接触面积计算方法,建立了离散实际接触面积计算方法的 MATLAB 流程。通过三种不同拓扑结构的拓片验证了离散实际接触面积计算方法的准确性。通过实验制得不同压力预载荷时 BFPC 接触印记拓片,并求得不同压力预载荷时的实际接触面积比。通过拟合分析确定了 BFPC 结合面实际接触面积比与压力预载荷的函数关系,为本书后续研究提供参考。

参考文献

[1] 张文龙.玄武岩纤维树脂混凝土机床基础件相关研究[D].阜新:辽宁工程技术大学,2015.

[2] 于英华,梁宇,沈佳兴,等.玄武岩纤维增强树脂混凝土机床基础件结构设计及其性能仿

真分析[J].机械设计,2017,34(1):71-75.

[3] 徐平,沈佳兴,于英华,等.偶联时间对玄武岩纤维树脂混凝土强度的影响[J].非金属矿,2016,39(3):47-49,80.

[4] MANDELBORT B B. Stochastic models for the Earth's relief, the shape and the fractal dimension of the coastlines, and the number-area rule for islands[J]. PNAS, 1975,72(10):3825-3828.

[5] YASTREBOV V A,ANCIAUX G,MOLINARI J F. On the accurate computation of the true contact area in mechanical contact of random rough surfaces[J]. Tribology international,2017,144:161-171.

[6] 刘翠芳.计算机图像处理技术应用分析[J].数字技术与应用,2019,37(10):76-77.

第3章 BFPC-BFPC 结合面动态性能

本章将研究 BFPC-BFPC 结合面的动刚度和阻尼两个方面的动态特性。本章通过实验研究的方式着重分析粗糙度与结合面压力预载荷对 BFPC-BFPC 结合面动态参数影响的规律,并通过神经网络理论建立 BFPC-BFPC 结合面动态特性参数预测模型。以某型龙门 BFPC 机床的龙门框架组件为研究实例通过仿真分析的方式对比研究考虑和不考虑 BFPC-BFPC 结合面影响下龙门框架组件的动态性能。

3.1 BFPC-BFPC 结合面动态特性影响因素

BFPC-BFPC 结合面的动态特性的影响因素是多方面的,同时它们的影响也是非线性的,甚至影响因素之间还会相互耦合。这给 BFPC-BFPC 结合面动态特性的研究带来比较大的难度。通过梳理总结出结合面的主要影响因素如下[1-3]:① 结合面基体材料;② 结合面压力预载荷;③ 结合面运动类型;④ 结合面结构、类型、尺寸和形状;⑤ 结合面介质;⑥ 接触表面加工方法;⑦ 接触表面粗糙度;⑧ 外部载荷激振频率;⑨ 外部载荷激振幅值。

对于 BFPC-BFPC 结合面来说,影响因素有:BPFC 材料配比、表面粗糙度、表面加工方法、结合面压力预载荷、结合面的尺寸形状、激振频率、结合面介质种类及介质厚度等。

本章研究 BPFC-BPFC 结合面在无介质情况下的动态性能。前期研究已确定 BFPC 材料的配比,且结合面的相关研究表明:压力预载荷和接触面的粗糙度对 BPFC-BPFC 结合面的动态特性影响较大[2,4],因此,本章将采用实验方式研究接触面粗糙度与压力预载荷对 BPFC-BPFC 结合面动态特性的影响。

3.2 BFPC-BFPC 结合面动态性能检测原理

根据机械系统动力学可知 BFPC-BFPC 结合面可以等效为弹簧阻尼系统,同时考虑构成结合面的上下部件,可以将 BFPC-BFPC 结合面组件等效为两自由度的振动系统。为了简化分析,设构成 BFPC-BFPC 结合面的试件相同,如图 3-1 所示。将两试件等效为两个质量-弹簧-阻尼元件,并将结合面等效成为弹簧阻尼系统,所以图 3-1 可以等效为图 3-2 所示的包含 BFPC-BFPC 结合面刚度和阻尼的两自由度振动系统。图 3-2 中 m_1 为试件质量；k_1 和 c_1 分别为试件的等效刚度和阻尼；k_c 和 c_c 分别为结合面的等效刚度和阻尼；O_2 和 O_1 分别为上下试件的参考点。

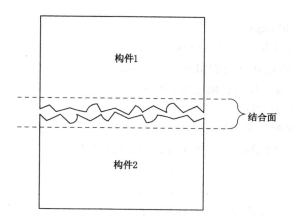

图 3-1　结合面示意图

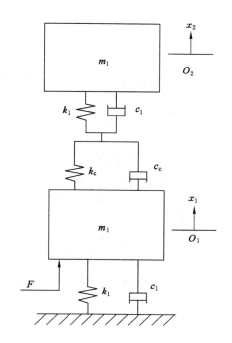

图 3-2　结合面系统等效动力学模型

该动力学系统在外部激励载荷为正弦激振力时，其受迫运动的系统运动方程为[5-6]

$$[M]\{\ddot{x}\} + [C]\{\dot{x}\} + [K]\{x\} = \{F\} \tag{3-1}$$

运动方程可以表示为：

$$\begin{bmatrix} m_1 & 0 \\ 0 & m_1 \end{bmatrix}\begin{Bmatrix} \ddot{x}_1 \\ \ddot{x}_2 \end{Bmatrix} + \begin{bmatrix} 2c_1+c_c & -c_c \\ -c_c & c_1 \end{bmatrix}\begin{Bmatrix} \dot{x}_1 \\ \dot{x}_2 \end{Bmatrix} + \begin{bmatrix} k_1+\dfrac{k_c k_1}{k_c+k_1} & -k_1 \\ -k_1 & k_1 \end{bmatrix}\begin{Bmatrix} x_1 \\ x_2 \end{Bmatrix} = \begin{Bmatrix} F \\ 0 \end{Bmatrix}\sin\omega t$$

(3-2)

式中　m_1——试件质量，kg；

x_1、x_2——下试件和上试件的位移，mm；

c_1、c_c——试件阻尼和结合面阻尼，N·s/m；

k_1、k_c——试件刚度和结合面刚度，N/m。

F——激振力幅值，N；

ω——激振力幅值频率，Hz。

该系统在受迫运动的情况下，系统的稳态响应函数为

$$\begin{cases} x_1 = \overline{B_1}\,\mathrm{e}^{i\omega t} \\ x_2 = \overline{B_2}\,\mathrm{e}^{i\omega t} \end{cases}$$

(3-3)

对式（3-3）进行求一阶导数和二阶导数可得

$$\begin{cases} \dot{x}_1 = i\,\overline{B_1}\,\omega\,\mathrm{e}^{i\omega t} \\ \dot{x}_2 = i\,\overline{B_2}\,\omega\,\mathrm{e}^{i\omega t} \end{cases}$$

(3-4)

$$\begin{cases} \ddot{x}_1 = -\overline{B_1}\,\omega^2\,\mathrm{e}^{i\omega t} \\ \ddot{x}_2 = -\overline{B_2}\,\omega^2\,\mathrm{e}^{i\omega t} \end{cases}$$

(3-5)

将式（3-3）～式（3-5）代入式（3-2），同时消去 $\mathrm{e}^{i\omega t}$，可以得到试件振幅 B_1 和 B_2 分别为

$$\begin{cases} B_1 = F\sqrt{\dfrac{h^2+d^2}{a^2+b^2}} \\ B_2 = F\sqrt{\dfrac{f^2+g^2}{a^2+b^2}} \end{cases}$$

(3-6)

试件的振动响应与激励力的相位角 φ_1 和 φ_2 分别为

$$\begin{cases} \varphi_1 = \arctan\dfrac{bh-ad}{ah+bd} \\ \varphi_2 = \arctan\dfrac{bf-ag}{af+bg} \end{cases}$$

(3-7)

其中，$a = \left(k_1+\dfrac{k_c k_1}{k_c+k_1}-m_1\omega^2\right)(k_1-m_1\omega^2) - k_1^2 - (2c_1+c_c)c_1\omega^2 + c_1^2\omega^2$；$b = \left(k_1+\dfrac{k_c k_1}{k_c+k_1}-m_1\omega^2\right)c_1\omega + (k_1-m_1\omega^2)(2c_1+c_c)\omega - 2k_1 c_1\omega$；$g=c_1\omega$；$f=k_1$；$d=c_1\omega$；$h=k_1-m_1\omega^2$。

联立式（3-6）和式（3-7），其中 F、B_1、B_2、φ_1 和 φ_2 可以通过实验测量得；m_1 是试件的质量，可以用天平测得；ω 则是通过激振器的激振频率，因此也是已知量。因此式（3-6）和式（3-7）共有 k_1、k_c、c_1 和 c_c 四个未知量，四个方程。通过求解该非线性方程组可以得到结合面的刚度值 k_c 和阻尼值 c_c。

3.3　BFPC-BFPC 结合面动态性能实验检测

3.3.1　试件的制作

考虑实验测量的可能性和简便性,确定 BFPC 实验试件尺寸为 150 mm×150 mm×100 mm。为方便给试件施加压力预载荷,在 BFPC 试件中间设置有预埋件。BFPC 材料的组分配比如本书 2.1 节所述,BFPC 试件采用浇注形式制造,设计的专用模具如图 3-3 所示。试件制作过程如下:首先依据 2.1 节中各组分的比例计算出制造 BFPC 材料所需的各组分质量。按照图 2-1 制造工艺依次均匀混合各组分。然后组装模具,再使用无水酒精擦拭模具内表面和嵌入件表面,保证模具内没有铁屑、灰尘、油污等异物。在模具内表面涂抹一层脱模剂,然后将搅拌均匀的 BFPC 材料浇注到模具中。在浇注过程中每次填料不超过30 mm 的高度,使用捣棒将混凝土均匀捣实。整个作业过程需要保证 BFPC 材料均匀致密,浇注成型后抹平模口。放入养护室中,一周后脱模并再次放入养护室 30 d,保证 BFPC 试件完全固化。制造的实验试件如图 3-4 所示。

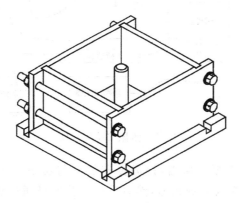

图 3-3　BFPC 试件模具装配图

直接浇注出来的试件因其表面不平整且过于粗糙,需要利用机床对其表面进行加工。本实验需要研究不同表面质量对结合面动态特性的影响,采用铣削的方式加工 BFPC 实验试件,使其粗糙度分别为:$Ra3.2$、$Ra6.3$、$Ra12.5$、$Ra25$。

3.3.2　实验所用仪器和设备

采用正弦激振实验检测 BFPC-BFPC 结合面动态性能参数,实验原理及装置如图 3-5 所示,图中实验研究仪器可以分为激励系统、传感器、数据采集系统、预载荷施加工具及粗糙度测量工具。

（1）激励系统

图 3-4　BFPC 试件

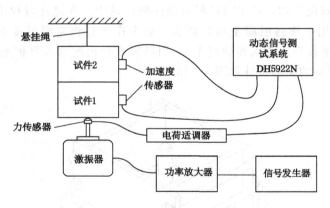

图 3-5　激振实验原理图

本实验使用的是 DH05 型激振器,该激振器需要与功率放大器和信号发生器组合使用。其中信号发生器产生单位正弦信号,然后单位正弦信号通过功率放大器放大后输入激振器,从而使激振器产生相应的激振信号。

(2)传感器

本实验使用压电式力传感器和加速度传感器。其中压电式力传感器的型号为 DHL050,其作用是测量激振器施加的动态载荷力。本实验选用加速度传感器型号为 DH311E,其作用是测量结合试件在动态载荷的激励下上下试件的加速度。

(3)数据采集系统

本实验使用的动态信号测试系统为 DH5922N,该系统可以实现多个通道动态信号并行测试分析,使用该系统可以检测和记录实验的激振力数据和上下试件的加速度数据。

(4)预载荷施加工具

本实验通过扭矩扳手测量施加的压力预载荷大小。

(5)粗糙度测量工具

本实验使用的粗糙测量仪为 TR110 型便携式粗糙度测试仪。

3.3.3　实验步骤

（1）系统准备

将激振器、功率放大器、信号发生器、电荷适调器、加速度传感器、动态测试系统及动态测试系统按照图 3-5 顺序连接好，并打开 DHDAS 动态信号采集分析软件。

（2）仪器测试

在所有传感器无载荷的情况下，在 DHDAS 动态信号采集分析软件中进行通道平衡以及通道清零。设置传感器灵敏度，其中力传感器设置为 2.19 mV/N，加速度传感器设置为 1.08 mV/s²。然后将系统的采样频率设置为 10 kHz。

（3）激振器激励实验

如图 3-5 所示，首先利用螺栓将 BFPC 上下实验试件连接在一起，然后再利用扭矩扳手将螺栓的预紧力调整为预期值。根据相关研究[7]可知结合面载荷范围一般在 2 MPa 以下，综合考虑到现场实际条件，将研究 BFPC-BFPC 结合面的压力预载荷为 0.1 MPa、0.2 MPa、0.3 MPa、0.5 MPa、0.8 MPa，并根据式（3-8）计算力矩扳手需要对 BFPC-BFPC 结合面试件螺栓施加的力矩。

$$P = \frac{1\ 000M_t}{Kd} \tag{3-8}$$

式中　P——螺栓拉力，N；

　　　M_t——螺栓预扭矩，N·m；

　　　d——螺栓公称直径，mm；

　　　K——拧紧力系数，这里取 0.3。

将组合试件利用低刚度的弹性绳悬吊在实验架上，并使试件位于激振器的正上方，然后调节弹性绳的长度使试件恰好压紧在激振器的激振头上。然后将加速度传感器安装到试件上，打开信号发生器，采集法向实验数据。法向数据采集完毕之后，保持试件悬吊状态，直接利用扭矩扳手改变螺栓预载荷大小后继续测量。然后将试件横吊起来，改变加速度传感器采集方向，采集切向实验数据。实验现场如图 3-6 所示。

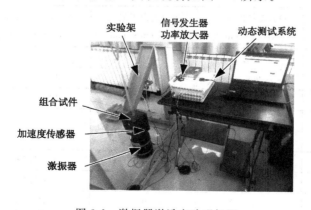

图 3-6　激振器激励实验现场图

3.4 实验数据处理与结果分析

    本实验共采集到激振实验数据 40 条。相位角 φ 由动态测试系统同步测试得出，由力信号 F 与位移 x 相位相差求得；质量 m_1 可通过电子秤测出；激振频率 ω 由信号发生器设定；施加在试件的动态激振力 F 由力传感器获得；位移幅值 B 由加速度信号积分求得。图 3-7 所示为上下试件加速度的时间历程曲线，通过对其计算可以得到上下试件的位移速度以及与激振力 F 的相位差。

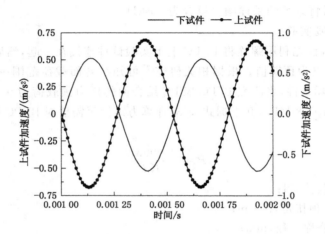

图 3-7　BFPC-BFPC 结合面组合试件法向实验数据

    将采集到的 40 组数据代入式(3-6)和式(3-7)进行计算。计算得到 BFPC-BFPC 结合面在不同粗糙度、不同压力预载荷条件下的法向和切向刚度以及法向和切向阻尼，然后将结合面刚度和阻尼除以结合面的名义接触面积进而转换为单位刚度和阻尼，见表 3-1。

表 3-1　结合面单位刚度和单位阻尼

预载荷 P/MPa	粗糙度 Ra	单位法向刚度 k_n /[N/(m·mm²)]	单位法向阻尼 c_n /[N·s/(m·mm²)]	单位切向刚度 k_τ /[N/(m·mm²)]	单位切向阻尼 c_τ /[N·s/(m·mm²)]
0.1	3.2	4 102.21	0.003 93	2 770	0.003 1
	6.3	1 906.08	0.003 69	2 071.823	0.002 95
	12.5	2 279.01	0.003 09	2 212.707	0.002 85
	25	2 092.54	0.002 84	2 250	0.002 64
0.2	3.2	7 769.34	0.004 34	4 765	0.003 25
	6.3	3 874.31	0.003 81	3 397.79	0.003 04
	12.5	3 149.17	0.003 61	3 841.16	0.002 87
	25	2 237.57	0.002 98	3145.028	0.002 68

表 3-1（续）

预载荷 P/MPa	粗糙度 Ra	单位法向刚度 k_n /[N/(m·mm²)]	单位法向阻尼 c_n /[N·s/(m·mm²)]	单位切向刚度 k_τ /[N/(m·mm²)]	单位切向阻尼 c_τ /[N·s/(m·mm²)]
0.3	3.2	13 197.51	0.004 76	8 396	0.003 38
	6.3	8 038.67	0.004 39	6 933.702	0.003 11
	12.5	5 801.10	0.003 97	5 220.994	0.002 98
	25	4 000.31	0.003 15	4 254.144	0.002 81
0.5	3.2	21 008.29	0.005 18	15 734	0.003 45
	6.3	14 399.17	0.004 81	10 469.61	0.003 27
	12.5	12 140.88	0.004 36	7 900.552	0.003 11
	25	7 955.80	0.003 44	6 519.337	0.003 02
0.8	3.2	25 856.35	0.005 56	16 832	0.003 48
	6.3	21 029.01	0.005 01	14 917.13	0.003 33
	12.5	19 495.86	0.004 85	10 727.9	0.003 24
	25	15 856.35	0.003 69	9 447.514	0.003 21

　　利用表 3-1 中数据研究粗糙度、压力预载荷对 BFPC-BFPC 结合面的刚度和阻尼影响规律。利用表中数据绘制 BFPC-BFPC 结合面的刚度和阻尼的变化曲线如图 3-8 至图 3-11 所示。根据图 3-8 至图 3-11 可知 BFPC-BFPC 结合面的粗糙度对结合面刚度、阻尼具有较大影响。其中表面质量越高，动刚度越大、阻尼越大。尤其是切向刚度和阻尼,结合面表面质量与切向刚度之间整体表现为正相关。这也与接触面理论相契合,更高的表面质量意味着更大的接触面积进而会有更高的刚度。

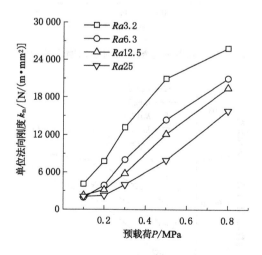

图 3-8　预载荷与粗糙度对法向刚度的影响

　　根据图 3-8 和图 3-9 可知,结合面预载荷同样对结合面刚度、阻尼都有很大影响,预载荷越大,刚度和阻尼越大。特别是法向刚度与预载荷表现出了很强的线性关系,而法向阻

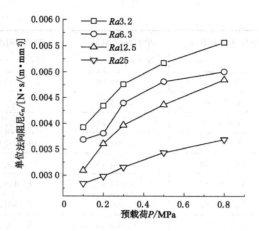

图 3-9　预载荷与粗糙度对法向阻尼的影响

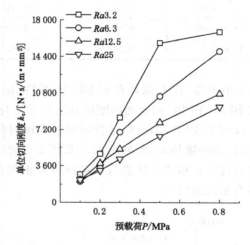

图 3-10　预载荷与粗糙度对切向刚度的影响

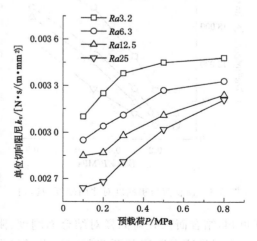

图 3-11　预载荷与粗糙度对切向阻尼的影响

尼与预载荷的线性化关系较弱。

3.5　BFPC-BFPC 结合面动态特性神经网络预测模型

　　基于采集的数据计算得到 BFPC-BFPC 结合面动态特性参数数据建立 BFPC-BFPC 结合面动态接触性能参数与结合面压力预载荷、粗糙度关系的神经网络预测模型。根据输入变量个数确定输入层节点数为 2，因为研究 BFPC 结合面的法向和切向动刚度和阻尼比共有 4 个参数，所以确定输出层的节点数为 4，初步设定确定神经网络的中间层节点数为 4，最终确立建立的神经网络结构如图 3-12 所示。

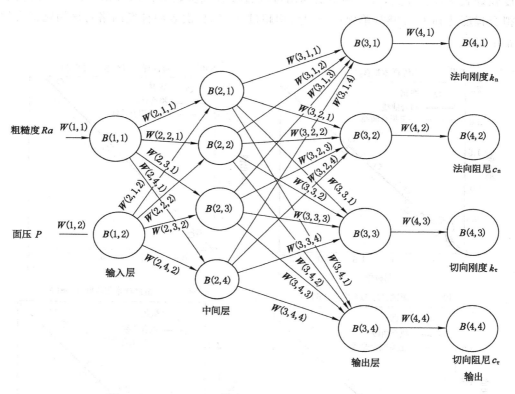

图 3-12　BFPC-BFPC 结合面动态特性参数神经网络结构

　　利用 MATLAB 中的 neural network start 工具训练神经网络的输入层、中间层以及输出层之间的传递函数、权重和偏置。实验测得数据共有 20 组，其中 14 组用于神经网络的训练；3 组用于检测神经网络是否存在过拟合，以便及时停止网络训练；最后 3 组用于测试神经网络泛化能力。选择使用 Levenberg-Marquardt（利文贝格-马奎特）训练法，Levenberg-Marquardt 法适用于大多数问题的训练，其使用的梯度法比其他训练方法都更有效率，它会一直训练直到连续六次迭代达到验证误差的要求，在 MATLAB 软件中建立的神经网络模型如图 3-13 所示。

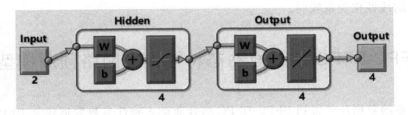

图 3-13　神经网络结构

通过训练确定该神经网络,在神经网络训练完毕后可以利用回归分析对神经网络的准确性进行验证分析,如图 3-14 所示。其中拟合曲线大致呈 45°倾斜,拟合曲线与对角虚线重合度较好表明拟合完美,神经网络的输出可以直接替代实验测得的数据。这里可以发现总体拟合程度达到了 0.982,单项拟合程度均超过 0.96,再次表明神经网络对该问题拟合效果非常准确。

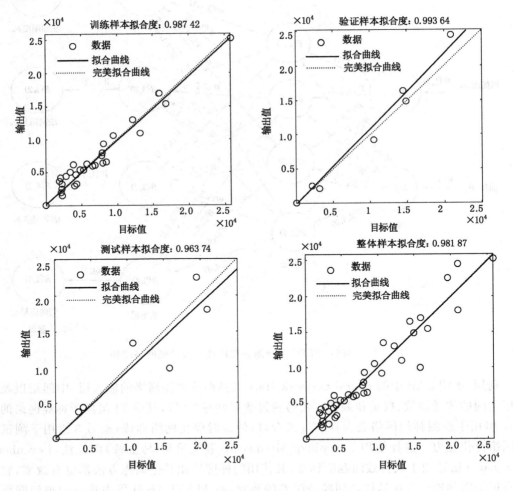

图 3-14　神经网络误差回归分析图

为了更直观地查看所建立的神经网络误差分布,可以调用神经网络误差直方堆叠图,如图 3-15 所示,由图可知训练组数据、检验组数据和测试组数据在该神经网络下的误差分布。可以看到绝大多数数据组都在零误差线附近,证明该神经网络的误差很小,具有较好的准确性,可以预测 BFPC-BFPC 结合面动态接触性能参数。

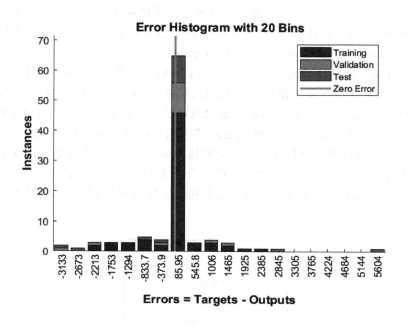

图 3-15　神经网络误差直方堆叠图

3.6　BFPC-BFPC 结合面动态性能仿真分析及应用

本节首先基于虚拟材料法的基本理论,研究 BFPC-BFPC 机床结合面虚拟材料参数与 BFPC-BFPC 结合面动态特性参数以及 BFPC-BFPC 结合面粗糙度和压力预载荷之间的数学关系;然后通过虚拟材料有限元仿真分析方法分析 BFPC-BFPC 结合面试件组合体的一阶固有频率,通过实验研究检验分析结果的正确性;最后通过虚拟材料有限元仿真分析方法研究考虑 BFPC-BFPC 结合面和不考虑 BFPC-BFPC 结合面时 BFPC 机床龙门框架组件的模态及谐响应特性,比较二者差别,说明 BFPC-BFPC 结合面对 BFPC 机床动态性能的影响。

3.6.1　BFPC-BFPC 结合面虚拟材料仿真分析方法

结合面示意图如图 3-1 所示。影响结合面动态性能的因素较多,且一些影响因素(如粗糙度)无法直接引入有限元分析软件,导致无法直接使用有限元分析软件研究结合面动态性能及结合部件对整体动态性能的影响。针对这一问题,在有限元分析软件中通常采用以

下两种方式模拟结合面动态性能[8]:

(1) 建立虚拟的弹簧阻尼单元[9]。这种方法主要是利用弹簧-阻尼单元替代结合面的连接,利用弹簧-阻尼单元的刚度和阻尼来模拟结合面的动力学特性,并且这种单元是无质量、无厚度的。这种方法主要侧重于结合面整体力学特性研究,不需考虑结合面的面积、厚度等参数,只需要最终的刚度阻尼值即可。但该方法无法模拟结合面的法向和切向特性参数之间的耦合影响,而且若弹簧-阻尼单元的个数及布置位置不同将会得到不同的分析结果,并且该方法操作不方便,也不便于与有限元软件的集成。

(2) 虚拟材料法:虚拟材料法利用一层假想的材料等效替代结合面[7],连接在两接触体之间,通过定义假想材料的弹性模量、剪切模量、泊松比、密度等材料参数及其厚度等参数对结合面进行等效模拟,如图 3-16 所示。虚拟材料法考虑到了结合面切向与法向之间的相互影响,可以体现出结合面的法向特性与切向特性相互耦合关系。同时该方法还可以实现结合面动力学建模与有限元分析软件的无缝衔接集成,能够建立更加精确的考虑结合面影响的机床动态性能分析的有限元模型[10],进而分析获得更加精确的机床动态性能评估结果。而且虚拟材料法能够与参数优化理论结合建立方便高效的 BFPC-BFPC 结合面参数优化设计方法。

图 3-16　虚拟材料等效模型示意图

3.6.2　BFPC-BFPC 结合面虚拟材料参数确定

利用基恩士 VHX5000 型超景深显微镜,对 BFPC 试件的真实粗糙表面进行观察,并采集其 3D 微观形貌数据。通过观测发现,BFPC 材料的真实粗糙表面在各个方向上的形貌特征基本一致,其具有自仿射的特性,实际观测到的数据具有随机性、多尺度性以及无序性的特性,在 BFPC 粗糙表面内各个方向(切平面)特性基本相同,如图 3-17 所示,因此可以认为 BFPC 粗糙表面具有横观各向同性。

相关研究表明[11],结合面可以等效为一个组合在两个接触体之间的虚拟部件。该等效部件物理性质与两边接触体并不一致,其被视为一种横观各向同性的材料。它与接触体之间利用绑定约束在一起,为此将结合部件转化为一个具有虚拟层而无结合面的组

图 3-17　BFPC 真实粗糙表面

合体。

　　设单位面积结合面法向刚度为 k_n,结合面法向预载荷为 P_n,因此虚拟层的法向应力为 $\sigma_n = P_n$。虚拟层的法向变形为

$$\delta_n = \frac{P_n}{k_n} \tag{3-9}$$

虚拟层厚度为 h_c,则虚拟层的法向应变为

$$\varepsilon_n = \frac{\delta_n}{h_c} \tag{3-10}$$

因此根据材料弹性模量的定义,构建出的虚拟层法向弹性模量为

$$E_n = \frac{\sigma_n}{\varepsilon_n} = h_c k_n \tag{3-11}$$

　　单位面积结合面切向刚度为 k_τ,在结合面上施加了单位切向载荷 P_τ,如图 3-18 所示。因此虚拟层的法向应力为 $\tau = P_\tau$。虚拟层的切向变形为

$$\delta_\tau = \frac{P_\tau}{k_\tau} \tag{3-12}$$

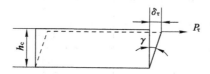

图 3-18　切向载荷施加示意图

虚拟层的切向应变为

$$\gamma \approx \tan \gamma = \frac{\delta_\tau}{h_c} \tag{3-13}$$

因此根据材料剪切模量的定义,构建出的虚拟层剪切模量为

$$G = \frac{\tau}{\gamma} = h_c \cdot k_\tau \tag{3-14}$$

　　考虑到结合面的接触表面由大量的微凸峰构成,钢-BFPC 结合面受到法向载荷时,粗糙表面相互接触的微凸体会产生法向和切向变形。由于结合面接触的微凸体之间存在许多间隙,微凸体的切向变形会填充到各个微凸体之间的缝隙中[12]。因此钢-BFPC 结合面的

整体切向变形大小为零,所以认为虚拟材料的等效泊松比为零。

虚拟材料的密度与结合面上下两侧接触体的密度与虚拟层厚度有关:

$$\rho = \frac{m_s + m_B}{V} = \frac{\rho_s V_s + \rho_B V_B}{V} = \frac{\lambda(\rho_s A_a h_s + \rho_B A_a h_B)}{A_a(h_s + h_B)}$$

$$= \frac{\lambda(\rho_s h_s + \rho_B h_B)}{(h_s + h_B)} = \lambda\rho_s = \lambda\rho_B = 2\ 650\lambda \tag{3-15}$$

式中,V 为虚拟材料的体积;V_s、V_B 分别为上下试件的接触层的体积;m_s、m_B 分别为上下试件的接触层的质量;λ 为结合面的实际接触面积比,其大小为实际接触面积 A_r 与名义接触面积 A_a 之比;ρ_s、ρ_B 为上下试件的接触层的密度,取 2 650 kg/m³。

由于 BFPC-BFPC 结合面两边均为 BFPC 材质,即结合面两边接触体的密度和厚度均相同,因此有 $\rho = 2\ 650\lambda$,λ 大小参见第 2 章。

相关文献研究表明,虚拟层厚度与结合面材料及粗糙度、压力预载荷有很大关系[13]。BFPC 试件的接触厚度一般为取 0.5~1 mm,这里选取 0.75 mm,因此 BFPC-BFPC 结合面的等效厚度取 1.5 mm。根据表 3-1 以及式(3-11)至式(3-15)可对不同粗糙度及预载荷组合的虚拟材料参数进行计算,计算得到的参数如表 3-2 所示。

表 3-2 法向弹性模量与剪切模量

序号	粗糙度 Ra	预载荷 P/MPa	法向弹性模量 E_n/GPa	剪切模量 G/GPa
1	3.2	0.1	6.150	4.155
2	6.3	0.1	2.858	3.105
3	12.5	0.1	3.420	3.323
4	25	0.1	3.143	3.375
5	3.2	0.2	11.655	7.148
6	6.3	0.2	5.813	5.100
7	12.5	0.2	4.725	5.760
8	25	0.2	3.360	4.718
9	3.2	0.3	19.800	12.593
10	6.3	0.3	12.060	10.403
11	12.5	0.3	8.700	7.830
12	25	0.3	6.000	6.383
13	3.2	0.5	31.515	23.603
14	6.3	0.5	21.600	15.705
15	12.5	0.5	18.210	11.850
16	25	0.5	11.933	9.780
17	3.2	0.8	38.783	25.245

表 3-2(续)

序号	粗糙度 Ra	预载荷 P/MPa	法向弹性模量 E_n/GPa	剪切模量 G/GPa
18	6.3	0.8	31.545	22.373
19	12.5	0.8	29.243	16.095
20	25	0.8	23.783	14.175

虚拟材料其余的参数为：密度 $\rho=2\,650\lambda$（λ 与结合面的压力预载荷相关），泊松比 $\nu_n \approx 0$。

3.6.3　BFPC-BFPC 结合面虚拟材料方法有效性验证

为验证 BFPC-BFPC 结合面虚拟材料仿真分析方法的准确性，下面将对 BFPC-BFPC 结合面组合试件模态性能分别通过虚拟材料仿真分析和实验两种方法进行分析，并对比验证分析二者误差，验证 BFPC-BFPC 结合面虚拟材料方法的有效性。

采用达索公司的 ABAQUS 软件对模型的模态进行分析。根据 BFPC 试件的尺寸及虚拟材料层的厚度，在有限元软件中建立含有虚拟材料层的 BFPC-BFPC 结合面试件三维模型，然后进行网格划分。为了获取较好的网格质量，手工进行六面体网格划分，如图 3-19 所示。在软件中按照表 3-3 定义各部分结构的材料属性，虚拟材料的参数如 3.6.2 节所述。使用绑定的方式，将虚拟层与上下试件接触的部分绑定到一起。由于实验使用的是悬吊法，因此在有限元软件中需要使用相似的约束环境，只需要约束悬挂点的自由度即可。为了得到试件的固有频率，对模型进行模态分析。

图 3-19　组合试件有限元网格划分

表 3-3　BFPC 材料属性

材料	密度/(kg/m³)	弹性模量/GPa	泊松比[4]	阻尼比
BFPC	2 650	45	0.25	0.051 5

BFPC-BFPC 结合面试件的一阶振型图如图 3-20 所示,振型为组合试件的八个顶点绕结合面中心点的法向轴扭转。依次按照表 3-2 的组合情况分析各组合时的频率,如表 3-4 所示,而各组合时的振型均与图 3-20 一致。

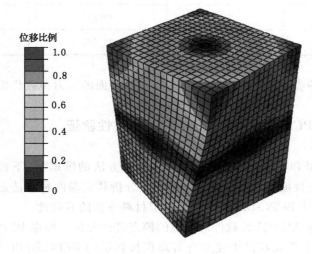

位移比例
1.0
0.8
0.6
0.4
0.2
0

图 3-20 $Ra25$、0.3 MPa 组合试件一阶振型图

表 3-4   一阶模态固有频率仿真结果

序号	粗糙度 Ra	预载荷/MPa	仿真固有频率/Hz
1	3.2	0.1	1 148.0
2	6.3	0.1	1 144.6
3	12.5	0.1	1 147.1
4	25	0.1	1 146.0
5	3.2	0.2	1 186.8
6	6.3	0.2	1 159.0
7	12.5	0.2	1 154.2
8	25	0.2	1 147.5
9	3.2	0.3	1 226.8
10	6.3	0.3	1 189.7
11	12.5	0.3	1 173.3
12	25	0.3	1 160.3
13	3.2	0.5	1 285.0
14	6.3	0.5	1 236.2
15	12.5	0.5	1 219.1
16	25	0.5	1 189.3
17	3.2	0.8	1 319.5

表 3-4(续)

序号	粗糙度 Ra	预载荷/MPa	仿真固有频率/Hz
18	6.3	0.8	1 284.8
19	12.5	0.8	1 271.9
20	25	0.8	1 245.7

利用 3.3 节的实验仪器采用脉冲实验检测 BFPC-BFPC 结合面组件的一阶模态固有频率。实验时只需要将激振器、功率放大器、信号发生器这套激励系统更换为力锤即可,实验原理如图 3-21 所示。进行实验时,手持力锤掌握好力度和角度,否则可能会发生力传感器与试件多次碰撞,导致无法采集到理想的实验数据。图 3-22 所示为施加的激振信号,图 3-23 所示为加速度传感器拾取到的加速度信号。借助 DHDAS 动态信号采集分析系统软件,可以对实验数据自动进行频谱分析,得到第一阶固有频率。表 3-5 是在不同预载荷和粗糙度组合情况下的一阶固有频率。

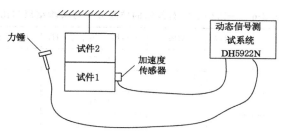

图 3-21　脉冲激励实验示意图

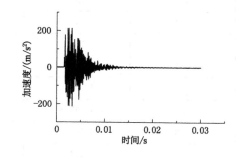

图 3-22　激振信号

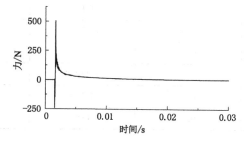

图 3-23　加速度信号

表 3-5 **BFPC-BFPC 结合面组件的第一阶固有频率** 单位：Hz

粗糙度	预载荷/MPa				
	0.1	0.2	0.3	0.5	0.8
$Ra3.2$	1 159.9	1 172.5	1 189	1 214.7	1 241.6
$Ra6.3$	1 158.3	1 165.1	1 179.6	1 195.4	1 232.6
$Ra12.5$	1 156.7	1 160.1	1 167.8	1 179	1 192
$Ra25$	1 155.1	1 156.4	1 163.1	1 171.2	1 188.3

　　为对比分析仿真分析和实验结果的误差，将二者结果汇于同一表中并比较相对误差，如表 3-6 所示。根据表 3-6 可知，BFPC-BFPC 结合面组件在不同粗糙度与载荷组合下，仿真结果和实验结果的相对误差在 $-1.18\%\sim6.7\%$ 之间，其最大误差为 6.7%，误差较小，因此证明虚拟材料仿真分析方法的有效性和准确性。

表 3-6 **一阶模态固有频率的仿真分析与实验结果对比**

序号	粗糙度	预载荷 P/MPa	实验固有频率 f_s/Hz	计算固有频率 f_j/Hz	误差
1	$Ra3.2$	0.1	1 159.9	1 148.0	-1.03%
2	$Ra6.3$	0.1	1 158.3	1 144.6	-1.18%
3	$Ra12.5$	0.1	1 156.7	1 147.1	-0.83%
4	$Ra25$	0.1	1 155.1	1 146.0	-0.79%
5	$Ra3.2$	0.2	1 172.5	1 186.8	1.22%
6	$Ra6.3$	0.2	1 165.1	1 159.0	-0.52%
7	$Ra12.5$	0.2	1 160.1	1 154.2	-0.51%
8	$Ra25$	0.2	1 156.4	1 147.5	-0.77%
9	$Ra3.2$	0.3	1 189	1 226.8	3.18%
10	$Ra6.3$	0.3	1 179.6	1 189.7	0.86%
11	$Ra12.5$	0.3	1 167.8	1 173.3	0.47%
12	$Ra25$	0.3	1 163.1	1 160.3	-0.24%
13	$Ra3.2$	0.5	1 214.7	1 285.0	5.79%
14	$Ra6.3$	0.5	1 195.4	1 236.2	3.42%
15	$Ra12.5$	0.5	1 179	1 219.1	3.40%
16	$Ra25$	0.5	1 171.2	1 189.3	1.54%
17	$Ra3.2$	0.8	1 241.6	1 319.5	6.28%
18	$Ra6.3$	0.8	1 232.6	1 284.8	4.23%
19	$Ra12.5$	0.8	1 192	1 271.9	6.70%
20	$Ra25$	0.8	1 188.3	1 245.7	4.83%

3.6.4　BFPC-BFPC 结合面虚拟材料方法应用

为研究 BFPC-BFPC 结合面动态特性参数在工程中的具体应用,以某型 BFPC 龙门机床的龙门框架组件为实例,分别对考虑与不考虑 BFPC-BFPC 结合面动态性能参数的 BFPC 龙门机床的龙门框架组件的动态特性进行有限元仿真分析,并将其结果进行对比分析,进而研究并对比验证 BFPC 机床基础件结合面参数对机床基础件动态性能的影响。

如图 3-24 所示,BFPC 龙门机床的龙门框架组件由立柱 1 和横梁 2 组成,立柱分为左右两个,立柱与横梁的接触部位构成 BFPC-BFPC 结合面。结合面的粗糙度为 $Ra6.3$,结合面的压力预载荷为 0.8 MPa,根据第 2 章可知该情况下的结合面实际接触面积比为 0.063 36。根据 3.6.2 部分的内容可知该工况下 BFPC-BFPC 结合面的虚拟材料参数为:等效厚度为 1.5 mm、法向弹性模量为 31.545 GPa,剪切模量为 22.373 GPa,密度为 $2\ 650\lambda = 2\ 650 \times 0.063\ 36 = 167.9\ (\mathrm{kg/m^3})$,泊松比 $\nu_n = 0$。

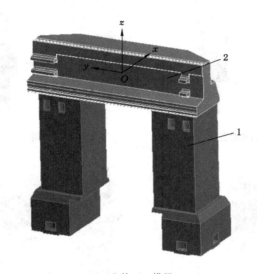

1—立柱;2—横梁。

图 3-24　BFPC 龙门机床龙门框架组件

（1）不考虑结合面影响情况

将 BFPC 龙门机床龙门框架组件的三维模型导入 ABAQUS 有限元分析软件,利用接触设置将立柱与横梁的 BFPC-BFPC 结合面设置为固定接触,按照 BFPC 材料的参数在软件中给模型添加材料属性。采用四面体网格对模型进行网格划分,因为龙门框架组件工作时是立柱底部与地基固定,因此仿真分析时在立柱底部添加固定约束。然后分别进行模态分析和谐响应分析,在模态分析时不需对模型添加工作载荷,但在谐响应分析时在横梁的导轨安装位置施加沿 x 轴方向 1 908 N 的切削力分力,沿 y 轴方向施加 $-9\ 187.88$ N 的切削力分力,沿 z 轴方向施加 4 372 N 的切削力分力,并施加绕 x 轴方向 $-6.671\ 9 \times 10^6$ N·mm 载荷力矩,施加绕 y 轴方向 1.165×10^6 N·mm 载荷力矩,施加绕 z 轴方向 3.11×10^6 N·mm 载荷力矩,然后给龙门框架组件添加重力加速度来模拟其结构的自身重力。

在不考虑 BFPC-BFPC 结合面影响时,BFPC 龙门机床龙门框架组件的前四阶固有频率和振型如表 3-7 和图 3-25 所示。

表 3-7 不考虑 BFPC-BFPC 结合面影响时龙门框架组件前四阶固有频率

固有频率	数值/Hz	固有频率	数值/Hz
第 1 阶	71.3	第 3 阶	130.1
第 2 阶	107.9	第 4 阶	247.6

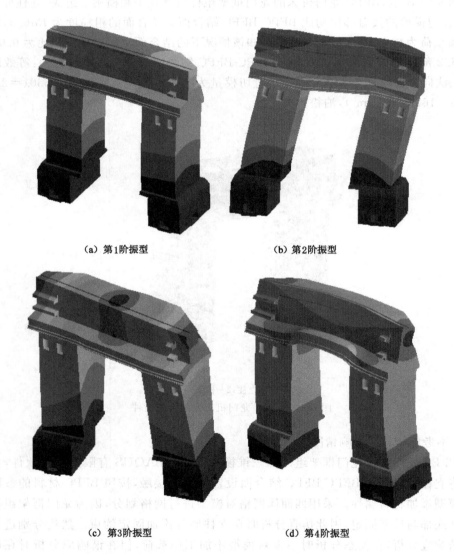

(a) 第1阶振型   (b) 第2阶振型

(c) 第3阶振型   (d) 第4阶振型

图 3-25 不考虑 BFPC-BFPC 结合面影响时龙门框架组件前四阶振型

根据图 3-25 和表 3-7 可知在不考虑结合面影响时,龙门框架组件一阶振型为沿着 x 轴方向前后振动、二阶振型为左右立柱交替性上下伸缩振动、三阶振型为绕着 z 轴旋转振动、四阶振型为横梁带动立柱沿着 z 轴上下振动。在不考虑结合面影响时,龙门框架组件的前四阶固有频率分别为 71.3 Hz、107.9 Hz、130.1 Hz、247.6 Hz。

谐响应分析时,采用 Full 法(完全法)进行求解,分析龙门框架组件在 0~400 Hz 范围内的频率响应,计算得到的频响曲线如图 3-26 所示。在不考虑 BFPC-BFPC 结合面影响情况下,当载荷频率为 71.3 Hz 时,龙门框架组件在 x 轴方向的最大振幅为 0.062 7 mm;当载荷频率为 71.3 Hz 时,龙门框架组件在 y 轴方向的最大振幅为 0.006 73 mm;当载荷频率为 107.9 Hz 时,龙门框架组件在 z 轴方向的最大振幅为 0.034 9 mm。龙门框架组件在 x 轴方向上有最大振幅。

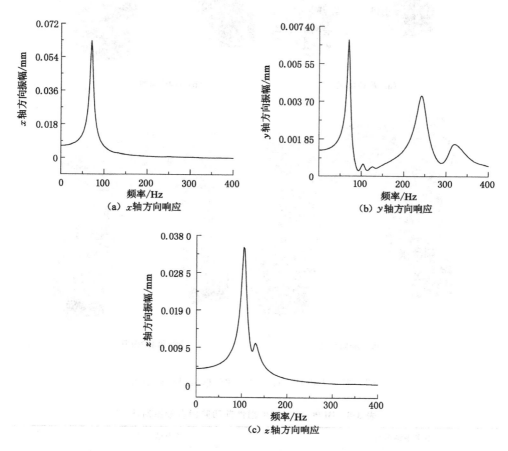

图 3-26　不考虑结合面影响时龙门框架组件频响曲线

（2）考虑结合面影响情况

首先将考虑 BFPC-BFPC 结合面的 BFPC 龙门框架组件模型导入 ABAQUS,采用四面体网格对模型进行网格划分。接着按照 BFPC 材料的参数和虚拟材料的材料参数在软件中设置材料属性。载荷施加和边界条件约束设置与不考虑结合面的 BFPC 龙门框架组件相同。然后分别进行模态分析和谐响应分析。在考虑 BFPC-BFPC 结合面影响时,BFPC 龙门机床龙门框架组件的前四阶固有频率和振型如表 3-8 和图 3-27 所示。

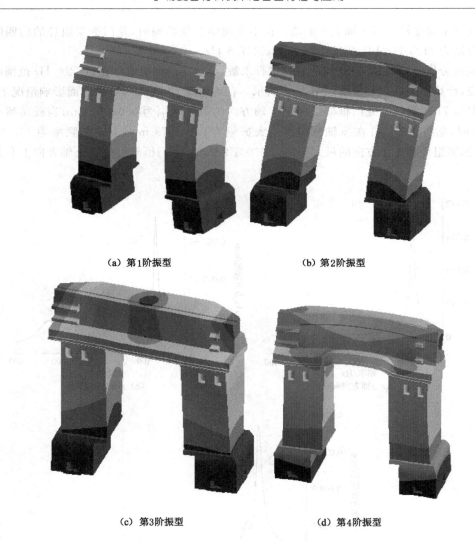

（a）第1阶振型　　　　　　　　　　　（b）第2阶振型

（c）第3阶振型　　　　　　　　　　　（d）第4阶振型

图 3-27　考虑结合面 BFPC 龙门框架组件振型图

表 3-8　BFPC 龙门框架组件前四阶固有频率对比

不考虑结合面		考虑结合面		差比
第 1 阶固有频率/Hz	71.3	第 1 阶固有频率/Hz	69.2	−2.95%
第 2 阶固有频率/Hz	107.9	第 2 阶固有频率/Hz	101	−6.39%
第 3 阶固有频率/Hz	130.1	第 3 阶固有频率/Hz	123.8	−4.84%
第 4 阶固有频率/Hz	247.6	第 4 阶固有频率/Hz	232.3	−6.18%

　　对比数据可以发现,在考虑 BFPC-BFPC 结合面影响时,BFPC 龙门框架组件整体前四阶固有频率分别下降了 2.95%、6.39%、4.84% 和 6.18%。观察振型图可以发现,考虑 BFPC-BFPC 结合面和不考虑 BFPC-BFPC 结合面的 BFPC 龙门框架组件振型基本保持一致,证明 BFPC-BFPC 结合面会降低整体模型的刚度,但基本不影响结构的振动形态。

采用与不考虑 BFPC-BFPC 结合面影响时谐响应分析相同的载荷、约束及求解方法,求得考虑 BFPC-BFPC 结合面影响时 BFPC 龙门框架组件的频响特性,如图 3-28 所示。对比不考虑与考虑 BFPC-BFPC 结合面影响时的最大振幅如表 3-9 所示。

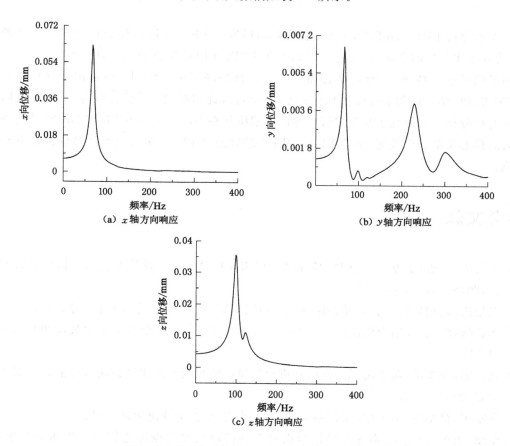

图 3-28　考虑结合面的 BFPC 龙门框架组件谐响应

考虑结合面的 BFPC 龙门框架组件谐响应在 x、y、z 轴方向最大振幅分别为 0.062 5 mm、0.006 65 mm、0.035 7 mm,相比不考虑结合面的情况 x、y 轴方向谐响应最大振幅分别降低 0.32%、1.19%,z 轴方向谐响应升高了 2.29%。同时发现考虑结合面的 BFPC 龙门框架组件谐响应最大位移是也在 x 轴方向上。

表 3-9　BFPC 龙门框架组件谐响应对比

不考虑结合面		考虑结合面		相差
x 轴方向谐响应最大振幅/mm	0.062 7	x 轴方向谐响应最大振幅/mm	0.062 5	−0.32%
y 轴方向谐响应最大振幅/mm	0.006 73	y 轴方向谐响应最大振幅/mm	0.006 65	−1.19%
z 轴方向谐响应最大振幅/mm	0.034 9	z 轴方向谐响应最大振幅/mm	0.035 7	2.29%

矿物复合材料机床结合面特性与应用

3.7　本章小结

本章分析了影响 BFPC 动态性能的因素,研究了 BFPC-BFPC 结合面动态性能检测原理,建立了实验检测系统,并通过实验研究了 BFPC-BFPC 结合面动态性能参数,以实验数据为基础建立了 BFPC-BFPC 结合面动态参数神经网络预测模型。通过虚拟材料法建立 BFPC-BFPC 结合面动态性能仿真分析方法,通过仿真和对比实验验证该方法的有效性,并通过对比分析方式研究了某型 BFPC 龙门框架组件在考虑和不考虑 BFPC-BFPC 结合面影响时的模态及谐响应性能,证明 BFPC-BFPC 结合面对 BFPC 龙门架组件整体性能有较大影响。

参考文献

[1] 于英华,高级,王烨,等.BFPC 填充结构机床立柱设计及其性能分析[J].机械设计与研究,2018,34(2):100-102.

[2] 王松涛.典型机械结合面动态特性及其应用研究[D].昆明:昆明理工大学,2008.

[3] 尤晋闽,陈天宁.结合面法向动态参数的分形模型[J].西安交通大学学报,2009,43(9):91-94.

[4] 张广鹏,史文浩,黄玉美,等.机床整机动态特性的预测解析建模方法[J].上海交通大学学报,2001(12):1834-1837.

[5] 许福东,徐小兵,易先中.机械振动学[M].北京:机械工业出版社,2015.

[6] 张帆,王东,高通锋.考虑粗糙结合面弹塑性接触的黏滑摩擦建模[J].固体力学学报,2018,39(2):162-169.

[7] 贾文锋,张学良,温淑花,等.基于虚拟材料的结合面建模与参数获取方法[J].太原科技大学学报,2013,34(5):347-351.

[8] YASTREBOV V A,ANCIAUX G,MOLINARI J F. Contact between representative rough surfaces[J]. Physical review E,statistical,nonlinear,and soft matter physics,2012,86(Pt3):035601.

[9] 伍良生,马淑慧,屈重年,等.弹簧-阻尼动力学单元螺栓连接结合面研究[J].机械设计与制造,2014(1):4-6.

[10] 许腾云.基于非线性虚拟材料的机械结合部建模及其应用[D].北京:北京工业大学,2014.

[11] 田红亮,刘芙蓉,方子帆,等.引入各向同性虚拟材料的固定结合部模型[J].振动工程学报,2013,26(4):561-573.

· 52 ·

[12] 张学良,范世荣,温淑花,等.基于等效横观各向同性虚拟材料的固定结合部建模方法[J].机械工程学报,2017,53(15):141-147.

[13] 沈佳兴,徐平,于英华,等.BFPC 机床龙门框架组件优化设计及综合性能分析[J].机械工程学报,2019,55(9):127-135.

第 4 章　BFPC-BFPC 结合面热性能及热力耦合性能

　　机床的热性能对其加工精度有较大影响,而 BFPC 机床中的 BFPC-BFPC 结合面热刚度和导热性能明显区别于制造机床的基体材料,目前 BFPC-BFPC 结合面的热性能尚不清晰,因此为指导 BFPC 机床的设计和优化非常有必要研究 BFPC-BFPC 结合面热及热力耦合性能。本章将系统分析 BFPC-BFPC 结合面的主要传热形式,研究 BFPC 材料导热系数检测原理,设计相关实验装置并检测其导热系数,建立 BFPC-BFPC 结合面导热系数理论计算方法,研究 BFPC-BFPC 结合面热性能的仿真分析方法,并通过对比分析研究 BFPC-BFPC 结合面在热载荷、力载荷及热力耦合载荷下的性能,并深入研究热力耦合作用下热效应和力效应相互作用关系。

4.1　BFPC 机床结合面传热特性

　　根据热量传输的相关理论可知热传递主要包括 3 种方式:热传导,热对流,热辐射。
　　相关研究表明,结合面的厚度不足以形成对流,因此结合面的对流换热可以忽略不计[1];热辐射只有在结合面温度达到 300 ℃以上或者结合面两侧温差特别大时才能形成足够的影响,考虑到机床结合面上实际工况很难达到热辐射的发生条件,因此热辐射影响也可以忽略。因此热传导是 BFPC-BFPC 结合面的主要热传递方式。

4.2　BFPC 材料导热系数测试

4.2.1　BFPC 材料的导热系数测试基础理论

　　如图 4-1 所示,设平板试件厚度为 L,初始温度为 T_0,平板一面受恒定热流密度 q_c 的均匀加热。任何时间沿平板厚度方向的温度分布 $T(x,t)$ 满足方程:

$$\frac{\partial T(x,t)}{\partial t} = \alpha \frac{\partial^2 T(x,t)}{\partial x^2} \tag{4-1}$$

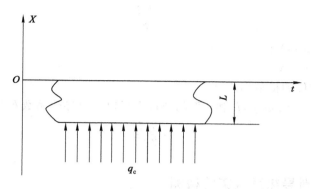

图 4-1　平板导热模型

当 $t=0$ 时,模型的初始边界条件为:① $T=T_0$,且 $x=0$ 处,$\dfrac{\partial T}{\partial x}=0$;② $x=-L$ 处,有 $-k\dfrac{\partial T}{\partial x}=q_c$。因此方程的解为:

$$T(x,t)-T_0=\frac{q_c}{k}\left[\frac{\alpha t}{L}-\frac{L^2-3x^2}{6L}+L\sum_{n=1}^{\infty}(-1)^{n+1}\frac{2}{\mu_n^2}\cos\left(\mu_n\frac{x}{L}\right)\exp(-\mu_n^2 F_0)\right]$$

$$(4-2)$$

式中　t——时间,s;

　　　α——平板试件的导温系数;

　　　μ_n——$n\pi$,$n=1,2,3,\cdots$;

　　　F_0——傅里叶数,大小为 $\dfrac{\alpha t}{L^2}$;

　　　T_0——初始温度,℃;

　　　q_c——沿 x 方向从端面向平板加热的恒定热流密度,W/m²。

由式(4-2)可知,F_0 随着时间 t 的延长而增大。当 $F_0>0.5$ 时,级数和项变得很小,可以忽略,式(4-2)变成:

$$T(x,t)-T_0=\frac{q_c L}{k}\left(\frac{\alpha t}{L^2}+\frac{x^2}{2L}-\frac{1}{6}\right)$$

$$(4-3)$$

由式(4-3)可知,在 $F_0>0.5$ 之后平板试件中各处温度和时间呈线性关系,温度随时间变化的速率是常数,并且各处相同。这种状态称为准稳态。

在准稳态状态下,平板散热面 $x=0$ 处的温度为:

$$T(0,t)-T_0=\frac{q_c L}{k}\left(\frac{\alpha t}{L^2}-\frac{1}{6}\right)$$

$$(4-4)$$

在平板加热面 $x=-L$ 处的温度为:

$$T(-L,t)-T_0=\frac{q_c L}{k}\left(\frac{\alpha t}{L^2}+\frac{1}{3}\right)$$

$$(4-5)$$

加热面和散热面之间的温度差为:

$$\Delta T=T(-L,t)-T(0,t)=\frac{1}{2}\cdot\frac{q_c L}{k}$$

$$(4-6)$$

热流密度 q_c 为:

$$q_c = \frac{UI}{S} \tag{4-7}$$

式中　U——加热电压，V；

　　　　I——加热电流，A；

　　　　S——平板试件的横截面积，m^2。

由式(4-7)可知，在已知 q_c，L 和 ΔT 的条件下可以求出导热系数 k 为：

$$k = \frac{q_c L}{2\Delta T} \tag{4-8}$$

4.2.2　BFPC 材料导热系数实验检测

4.2.2.1　BFPC 材料的导热系数测试实验原理

测试 BFPC 材料导热系数的方法为准稳态法，实验原理如图 4-2 所示。首先将与试件截面积大小相同的硅酸铝陶瓷纤维毯隔热层放在实验机械装置的固定底板上，在隔热层上面依次放好加热膜、被测试件 1、隔热层。摆放材料的同时在加热膜与试件 1 之间、试件 1 与隔热层之间各插入两个 K 型热电偶(带探头的一端)并且两个热电偶温度传感器呈 90°布置，实验时测得同一平面上位置不同的两点温度取平均值即为试件加热面与散热面的温度。然后将 K 型热电偶有插头的一端插在 AS887 型四通道热电偶温度计的温度传感器输入孔中。最后将加热膜上的导线接在电源上。实验时利用 K 型热电偶测得的 BFPC 加热层和保温层的温度并计算得到温差，然后按照式(4-7)和式(4-8)计算得到材料的导热系数。

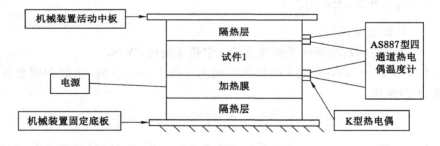

图 4-2　材料导热系数测试原理图

4.2.2.2　实验装置及设备

导热系数测试实验的装置主要包括机械施压装置、隔热装置、加热装置、电源、温度传感器以及数据采集设备。

(1) 机械施压装置及设备

BFPC 材料导热系数测试时需要对试件加热和隔热，因此需要用到机械施压装置使相关装置压紧到实验试件表面，避免实验时热量流失导致实验结果不准确。机械施压装置的具体结构如图 4-3 所示，其结构包括四根螺杆，螺杆的上部、下部通过螺母固定的固定上板和固定下板构成施压装置的骨架。中间放置活动中板可以沿着四根螺杆在两块固定的钢板之间上下移动。在固定上板中间的位置有一个施力螺杆,拧动螺杆就可以把力施加在中间的压紧板上,这样就达到了压紧、固定和卸载待测试样的目的,而且为了精确施加预载荷,可以利用力矩扳手与施力螺杆配合使用以精确施加预载荷。

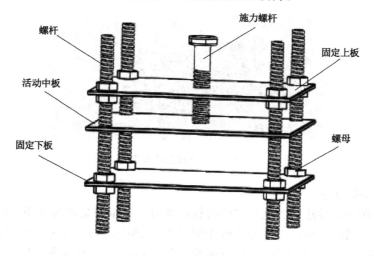

图 4-3　机械施压装置

（2）隔热装置

为了尽可能降低热量散失对实验结果造成的影响,本实验在试件与机械装置固定底板和活动中板之间添加隔热装置。隔热装置的材料为硅酸铝陶瓷纤维毯,该材料具有导热系数小、耐高温的特点,可以有效减小热量的散失。

（3）加热装置

本实验的加热装置选取的是具有高精度、高强度、电阻高以及抗氧化等特点的镍铬电热丝。实验前预先计算实验加热所需的功率以及所需的电阻丝长度,将电热丝均匀缠绕制成与试件的端面积相同的加热膜,实验所用加热膜如图 4-4 所示。

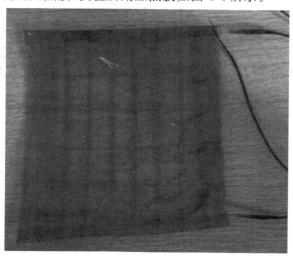

图 4-4　加热膜

（4）电源

本实验选用直流稳压电源,如图 4-5 所示,其可以将输入的 220 V 交流电转化为 21～27 V 之间的直流电,为实验提供稳定的输出电压。

图 4-5　直流稳压电源

（5）数据采集设备

数据采集部分是导热系数测试实验的核心部分。数据采集部分由 K 型热电偶、AS887型四通道热电偶温度计组成。本实验所选用的 K 型热电偶如图 4-6 所示,为接触式温度传感器,可以避免中间介质的干扰,测量范围为－50～300 ℃,精确度为±1.5％。

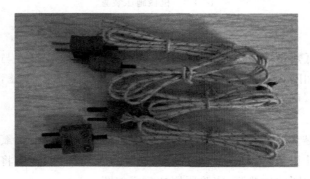

图 4-6　K 型热电偶

AS887 型四通道热电偶温度计如图 4-7 所示,测量范围为－200～1 372 ℃,分辨率为0.1 ℃,精确度为±0.1％＋0.6 ℃,具有数据保持,取最大值、最小值以及平均值等功能。测量温度时可以单独使用任意通道进行测试,也可以同时使用四通道进行测试。

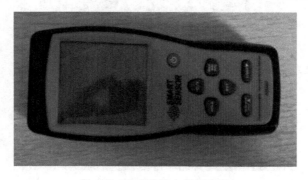

图 4-7　四通道热电偶温度计

（6）数字多用表

如图 4-8 所示的 VICTOR70D 型数字多用表可以测得实验所用加热膜的电阻以及实验时通过加热膜两端的电压。

图 4-8 数字多用表

4.2.3 BFPC 材料导热系数测试结果

利用数字多用表测得上述 BFPC 材料导热系数测试实验的加热电压 $U = 20.55$ V,加热膜的电阻 $R = 9.7$ Ω,试件的厚度 $L = 0.02$ m,试件加热面积 $S = 0.022$ 5 m²。加热面与散热面的温度及温差如表 4-1 所示,表中 T_1 和 T_2 为加热面温度,T_3 和 T_4 为散热面温度。实验数据及试件温度变化分别如表 4-1 和图 4-9 所示。根据图和表可知当加热时长为 70 min 后试件的温差 $\Delta T = 12.85$ ℃,达到稳定值。将实验数据代入式(4-7)、式(4-8)得 $q_c = 1$ 934.9 W/m²,BFPC 材料的导热系数 $\lambda = 1.513$ W/(m · ℃)。

表 4-1 不同加热时长的加热面、散热面温度及温差

时间/min	T_1/℃	T_2/℃	T_3/℃	T_4/℃	[$(T_1+T_2)/2$]/℃	[$(T_3+T4)/2$]/℃	ΔT/℃
0	20.8	20.8	20.8	20.8	20.8	20.8	0
5	30.7	32.6	22.1	22.2	31.65	22.15	9.50
10	37.1	38.8	26.7	27.1	37.95	26.9	11.05
15	41.8	43.5	31.0	31.5	42.65	31.25	11.4
20	47.8	49.4	36.4	37.0	48.6	36.7	11.9
25	52.6	53.9	41.1	41.8	53.25	41.45	11.8
30	57.4	58.6	45.6	46.4	58	46	12

表 4-1(续)

时间/min	T_1/℃	T_2/℃	T_3/℃	T_4/℃	$[(T_1+T_2)/2]$/℃	$[(T_3+T4)/2]$/℃	ΔT/℃
35	61.8	62.9	49.9	50.6	62.35	50.25	12.1
40	66.1	67.1	54.1	54.8	66.6	54.45	12.15
45	70.3	71.2	58.1	58.7	70.75	58.4	12.35
50	73.4	74.2	61.1	61.7	73.8	61.4	12.4
55	76.9	77.6	64.6	65.1	77.25	64.85	12.4
60	79.9	80.4	67.5	67.9	80.15	67.7	12.45
65	82.9	83.4	70.3	70.6	83.15	70.45	12.7
70	85.6	86.0	72.8	73.1	85.8	72.95	12.85
75	88.3	88.5	75.5	75.6	88.4	75.55	12.85
80	90.5	90.6	77.7	77.7	90.55	77.7	12.85

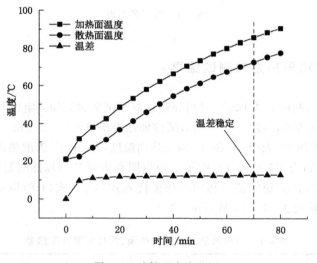

图 4-9　试件温度变化图

4.3　BFPC-BFPC 结合面导热系数计算

4.3.1　BFPC-BFPC 结合面导热系数计算原理

在 BFPC-BFPC 结合面间的热量传递包括 BFPC 和 BFPC 实际接触位置的导热、结合面未接触位置的中间介质的导热及结合面的辐射换热。但因为 BFPC-BFPC 结合面温度相对较低,其辐射换热微小,因此可以忽略。根据接触体的等效导热系数公式可知,其等效导热系数与两个接触试件的导热系数、介质导热系数及实际接触面积比相关,因此 BFPC-BFPC 结合面的等效传热系数 $\zeta^{[2]}$ 为:

$$\zeta = \frac{1}{h}\left[2\lambda\,\frac{k_1 k_2}{k_1 + k_2} + (1-\lambda)k_v\right] = \frac{1}{h}\left[2\lambda\,\frac{k_B^2}{k_B + k_B} + (1-\lambda)k_v\right] = \frac{1}{h}\left[\lambda k_B + (1-\lambda)k_v\right]$$

$$(4\text{-}9)$$

式中,h 为 BFPC-BFPC 结合面的等效接触厚度,其大小为 1.5 mm;k_1、k_2 分别为两个接触试件材料导热系数;k_v 为结合面之间所夹介质的导热系数。由于 BFPC-BFPC 结合面的上下试件材料均为 BFPC 材料,因此导热系数 k_1 和 k_2 均为 BFPC 材料的导热系数 k_B,有 $k_1 = k_2 = k_B$。k_B 需要通过实验测得。

根据传热系数与导热系数的关系可知 BFPC-BFPC 结合面的等效导热系数 k 为

$$k = h\zeta = \lambda k_B + (1-\lambda)k_v$$

$$(4\text{-}10)$$

根据式(4-10)可知 BFPC-BFPC 结合面的等效导热系数可以认为是 BFPC 的导热系数与空气介质的导热系数加权串联。BFPC-BFPC 结合面的等效导热系数与结合面的等效厚度无关,结合面的实际接触面积比是影响等效导热系数的关键因素。

4.3.2　BFPC-BFPC 结合面导热系数及变化规律

第 4.2 节通过实验测得 BFPC 材料的导热系数,查阅资料可得空气的导热系数为 0.024 W/(m·K),根据式(4-10)和第 2 章得到的不同压力预载荷时结合面的实际接触面积比可得结合面的等效导热系数如表 4-2 所示。

表 4-2　结合面导热系数

压力预载荷/MPa	接触面积比	结合面导热系数/[W/(m·℃)]
0.2	2.389%	0.060
0.4	4.214%	0.087
0.6	5.543%	0.107
0.8	6.336%	0.118
1.0	7.092%	0.130

为了便于观察,以压力预载荷为横坐标,以结合面导热系数 k 为纵坐标,分别绘制不同压力载荷下的结合面导热系数变化曲线,如图 4-10 所示。由图可知,结合面导热系数随着预载的增大呈现先快速增大后缓慢增大的趋势,这是因为两个相互接触的粗糙表面在刚开始时只有极少部分的微凸体接触,在载荷的作用下微凸体开始发生变形使得原来不接触的微凸体相互接触,因此导热系数快速增大,但是随着载荷的持续增加,实际的接触面积增大的速度变慢,因此导热系数增加速度变慢。

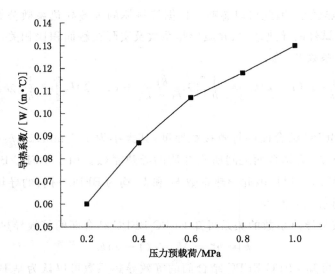

图 4-10　压力预载荷对 BFPC-BFPC 结合面导热系数的影响

4.4　BFPC-BFPC 结合面热性能仿真分析

4.4.1　BFPC-BFPC 结合面热性能虚拟材料模型

　　本节通过虚拟材料法建立 BFPC-BFPC 结合面的热性能仿真分析模型,在上一章的虚拟材料动力学分析的基础上研究其热性能参数的模拟方法。本节首先通过理论分析建立BFPC-BFPC 结合面的虚拟材料热参数模型,接着利用有限元仿真软件与虚拟材料法相结合建立仿真分析方法。虚拟材料法的优点在于可以有效解决结合面的法向与切向特性相互耦合关系及力学与热学的耦合分析,同时该方法还可以实现固定结合面动力学建模与有限元分析软件的无缝衔接集成[3]。

　　结合面虚拟材料的热学性能参数有四个:虚拟材料层等效导热系数、等效热膨胀率、等效比热容以及等效厚度。

4.4.1.1　虚拟材料层的等效导热系数

　　上一节计算得到不同压力预载荷下的 BFPC-BFPC 结合面导热系数,可以认为 BFPC-BFPC 结合面的导热系数即为虚拟材料层的等效导热系数。

4.4.1.2　虚拟材料层的等效厚度

　　如前述,虚拟材料层的厚度与接触表面的虚拟层厚度、结合面材料及粗糙度、压力预载荷有很大关系,在虚拟材料的热性能分析时同样设其厚度为 1.5 mm。

4.4.1.3　虚拟材料的等效比热容

比热容指的是单位质量的物质升高（或降低）单位温度所吸收（或放出）的热量。由于其与物质的种类及不同种类物质参与接触的质量有关,所以虚拟材料层的比热容与参与接触的 BFPC 质量有关,即为

$$C_x = \frac{C_1 m_1 + C_2 m_2}{m} = \frac{C_1 \rho_1 V_1 + C_2 \rho_2 V_2}{V \rho_x} = \frac{C_1 \rho_1 A_r h_{c1} + C_2 \rho_2 A_r h_{c2}}{A_a \rho_x (h_{c1} + h_{c2})}$$

$$= C \cdot \frac{A_r}{A_a} \cdot \frac{\rho_1}{\rho_x} = C \cdot \lambda \cdot \frac{\rho_1}{\rho_x} = C \tag{4-11}$$

式中　C_1、C_2——结合面两边材料的比热容;

m_1、m_2——结合面两边材料的质量;

V_1、V_2——结合面两边材料的等效体积;

ρ_1、ρ_2——结合面两边接触体的材料密度,$\rho_1 = \rho_2 = \rho_{BFPC} = 2\,650\ kg/m^3$;

ρ_x——虚拟材料的等效密度,根据式(3-15)可知结合面的等效密度为 $\rho_x = \lambda \rho_{BFPC}$;

h_{c1}、h_{c2}——结合面两个试件的等效厚度,两个试件材料和加工方法一致,则 $h_{c1} = h_{c2} = 0.75\ mm$;

A_r——实际接触面积;

A_a——理论接触面积;

C——BFPC 材料的比热容,$C = 1\,070\ J/(kg \cdot ℃)$。

根据式(4-11)可知当参与接触的物质为同一种时结合面的等效比热容与接触材料的比热容一致。

4.4.1.4　虚拟材料的等效热膨胀系数

结合面的接触表面上存在着大量微凸峰,互相接触时仅有极少数的微凸峰相接触,在其余部分存在大量的缝隙。基于虚拟材料法的结合面建模中,结合面空隙介质的热膨会形成向四周空间的压力,但考虑到在实际接触中,接触部位存在大量的缝隙未形成封闭空间,因此不会出现局部应力,这样空隙介质的热膨胀作用对结合部的力学和热学特性影响微乎其微[1,4]。综上所述,虚拟材料层的热膨胀系数为零。

4.4.2　有限元仿真分析设置

本节将通过有限元分析的方法研究 BFPC-BFPC 结合面试件的热性能,并且后续将通过实验检验有限元分析结果的准确性,并证明有限元分析方法及上述理论的正确性。

仿真分析时结合面采用虚拟材料代替,在 ANSYS 软件中建立与 BFPC 导热系数实验所用 BFPC 试件尺寸相同的有限元仿真分析模型并且使用虚拟材料层代替结合面。具体分析过程如下。

4.4.2.1　有限元仿真分析模型的建立

在 ANSYS 软件的 DesignModeler 模块中建立 BFPC-BFPC 结合面组合试件的三维分

析模型,在试件的接触位置对称切割出总厚度为 1.5 mm 的虚拟材料层。将建立好的模型导入瞬态热分析模块(Transient Thermal)。

4.4.2.2 材料参数及分析试件的接触设置

在瞬态热分析模块下的 geometry 选项下点击模型的不同部分并且在 Material 下点击 Assignment 下拉菜单的 New Material 选项添加对应的材料,材料参数包括密度、导热系数以、比热容及膨胀系数,BFPC 的材料参数根据参考文献[5]确定。BFPC-BFPC 结合面的粗糙度为 6.3 μm,预载荷为 0.8 MPa。BFPC 材料及结合面虚拟材料的等效参数如表 4-3 所示。将 BFPC-BFPC 结合面虚拟材料层与上下试件接触位置添加绑定约束,使虚拟材料层与上下试件连接到一起。

表 4-3 等效参数

材料	密度/(kg/m³)	导热系数/[W/(m·K)]	比热容/[J/(kg·K)]	热膨胀系数/K⁻¹
BFPC	2 650	1.513	1 070	1.48E−5
BFPC 结合面虚拟层	167.904	0.118	1 070	0

4.4.2.3 网格的划分

网格采用六面体划分。将网格大小(边长)为设置为 4.5 mm,共划分出 68 752 个节点以及 15 627 个单元,网格划分模型如图 4-11 所示。虚拟材料层网格选择细化选项。

图 4-11 有限元仿真网格划分

4.4.2.4 热载荷以及边界条件的施加

为使仿真结果与后续实验有可比性,仿真时施加的热载荷要与后续实验施加的热流密度相同。热载荷和热边界条件如图 4-12 所示。仿真时模拟的加热膜的热流密度为 1 770.7 W/m²,因此在试件底部施加与此相同的热流密度。因为试件四周直接与空气接触,因此在仿真模型相应的部位施加 5 W/m² 的空气自由对流换热,后续实验时组合试件的上表面未与空气直接接触因此未加散热条件。

4.4.3 结果与分析

本节提取仿真分析结果并保留相关数据以便后续实验对比。

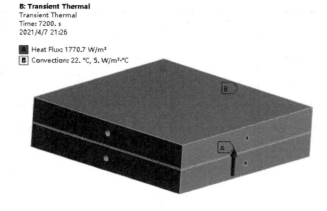

图 4-12　热载荷和热边界条件

4.4.3.1　提取上下表面温度值

仿真时间长度设定为 7 200 s,仿真计算的时间载荷步间隔为 300 s。提取如图 4-13 所示路径的仿真温度值,点 1 为组合试件下表面温度最高点所对应的点,点 2 为组合试件上表面温度最低点所对应的点(这里的温度最高点、最低点仅为此提取路径上对应的最高、最低点,并非整个组合试件所对应的温度最高、最低点),如表 4-4 所示。

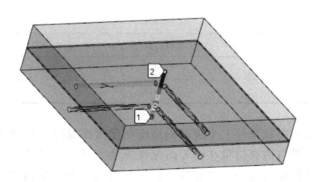

图 4-13　组合试件下上表面温度提取路径

表 4-4　仿真试件上下表面温度变化数据

时间/s	下表面(点 1)温度/℃	上表面(点 2)温度/℃
0	22	22
300	30.96	22.118
600	35.523	22.485
900	38.859	23.239
1 200	41.737	24.275
1 500	44.267	25.586

表 4-4(续)

时间/s	下表面(点1)温度/℃	上表面(点2)温度/℃
1 800	46.616	27.056
2 100	48.811	28.667
2 400	50.92	30.355
2 700	52.953	32.109
3 000	54.941	33.897
3 300	56.89	35.712
3 600	58.814	37.54
3 900	60.714	39.376
4 200	62.599	41.215
4 500	64.468	43.054
4 800	66.326	44.889
5 100	68.171	46.72
5 400	70.006	48.545
5 700	71.831	50.362
6 000	73.646	52.173
6 300	75.451	53.975
6 600	77.248	55.769
6 900	79.035	57.554
7 200	80.813	59.331

根据所得数据绘制实验试件上下表面的温度变化曲线如图 4-14 所示。由图可知,组合试件下表面的实验结果与仿真结果在刚开始先快速增大之后增长速率减缓;组合试件上表面的实验数据与仿真数据变化趋势恰好与此相反。出现这种现象的原因是,在加热膜加热功率一定的情况下由于 BFPC 材料和结合面的导热系数较小,而造成温度不能快速从试件的下表面传到试件的上表面,因此试件下表面的温度升高速度较快而上表面温度升高速度较慢。

4.4.3.2 提取结合面两侧温差平衡时的温度值

如图 4-15 所示,为研究组合试件模型上下表面温差,提取下表面到上表面的温度变化情况,图中点 1 为结合面虚拟材料层下表面的温度,点 2 为结合面虚拟材料层上表面的温度,ΔT 即为结合面虚拟层两侧温度的突变值即结合面温差。为便于观察,单独提取虚拟材料层的温度,并提取虚拟材料层在图 4-15 中点 1 和点 2 形成的路径的温度图,如图 4-16 所示。由图可知,点 1 处的温度为 65.778 ℃,点 2 处的温度为 64.227 ℃,结合面温差大小为 $\Delta T = 1.551$ ℃。

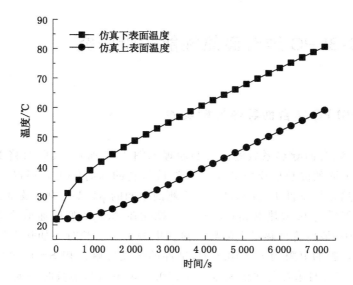

图 4-14　试件上下表面的温度变化曲线

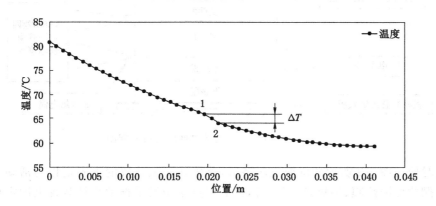

图 4-15　结合面两侧温度突变图

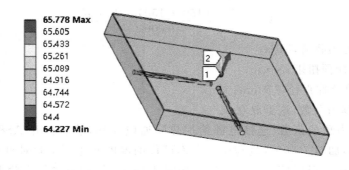

图 4-16　虚拟材料的上下表面温差

4.5 BFPC-BFPC 结合面热性能实验研究

4.5.1 BFPC-BFPC 结合面导热性能实验

BFPC-BFPC 结合面导热系数测试实验原理如图 4-17 所示,实验时将 BFPC 材料测试实验中的试件 1 上面的隔热层换成试件 2,在摆放材料的同时依次分别将 K 型热电偶有探头的一端放在加热膜与试件 1 之间,试件 1、2 侧面中间的 $\phi4$ 圆孔中以及试件 2 与机械装置活动中板之间。然后将 K 型热电偶有插头的一端插在 AS887 型四通道热电偶温度计的温度传感器输入孔中,最后将加热膜上的导线接在电源上。实验时的加热电压 $U=20.55$ V,该实验使用的加热膜的电阻为 $R=10.6$ Ω,试件的名义接触面积 $S=0.022\ 5$ m²。根据公式(4-7)计算得到实验时施加的热流密度为 1 770.7 W/m²,与仿真时一致。

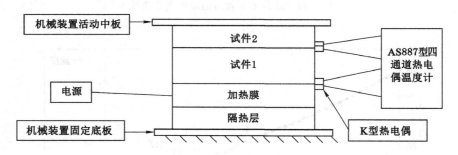

图 4-17　BFPC 结合面导热性能实验原理图

实验时使用图 4-3 所示的机械施压装置,首先在机械装置的下固定板与活动中板之间按照顺序摆放好隔热膜、加热膜、试件等,然后通过扭矩扳手拧动机械装置上固定板中间的施力螺栓。本实验所研究的结合面压力预载荷为 0.8 MPa,根据公式(4-12)可求得对应施加的力矩和结合面压力预载荷之间的关系:

$$M_{\mathrm{t}} = \frac{P \times (150 \times 150) \times K \times d}{1\ 000} \tag{4-12}$$

式中　P——压力预载荷,MPa;

　　　M_{t}——螺栓预扭矩,N·m;

　　　d——螺栓公称直径,27 mm;

　　　K——拧紧力系数,这里取 0.3。

在施加完压力预载荷后,连接电源给加热膜通电加热,然后打开 AS887 型四通道热电偶温度计,检测加热 7 200 s 过程中结合面试件的温度变化。实验时每间隔 300 s 进行一次数据采集并记录温度信息。实验现场如图 4-18 所示,实验测得实验上下表面的温度如表 4-5 所示。

图 4-18　BFPC-BFPC 结合面导热性能实验现场

表 4-5　实验结合面试件上下表面数据

时间/s	下表面温度/℃	上表面温度/℃
0	21.8	21.8
300	30.8	22
600	34.9	22.3
900	38.6	23.1
1 200	41.7	24.1
1 500	44.9	25.5
1 800	47.6	27.1
2 100	50.1	28.8
2 400	52.4	30.6
2 700	54.7	32.3
3 000	56.8	34.1
3 300	58.9	35.9
3 600	60.7	37.4
3 900	62.9	39.4
4 200	64.2	40.5
4 500	65.8	42
4 800	67.3	43.4
5 100	69	45
5 400	70.5	46.3
5 700	71.9	47.6
6 000	73.3	48.9
6 300	74.3	49.7
6 600	75	50.8
6 900	75.7	51.7
7 200	76.8	52.7

为便于对比实验结果和仿真结果,将二者绘制在同一图中,如图 4-19 所示。由图 4-19可知,在前 1 800 s 组合试件下表面的实验结果与仿真结果非常吻合;在前 3 900 s 组合试件上表面的实验结果与仿真结果非常吻合;在其余时间段内实验结果与仿真结果变化趋势一致,吻合程度相对较弱。造成这种现象的原因可能是在组合试件下表面虽放置有硅酸铝陶瓷纤维毯隔热层,但是并不能完全阻止热量的散失,隔热层的导热系数很小,因此在刚开始的时候热量沿着试件向上传递,随着温度的升高隔热层的两边温差加大,因而散热也会增多。所以出现在刚开始的时候吻合较好,随着时间推移温度升高,吻合效果减弱。从整体趋势来看,组合试件上下表面温度的仿真值与实验值吻合较好,因此证明了得到的 BFPC 材料导热系数及结合面导热系数及仿真分析方法的准确性。

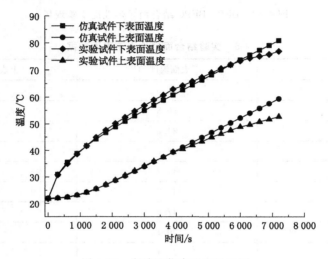

图 4-19　实验和仿真温度对比图

4.5.2　BFPC-BFPC 结合面导热红外成像实验

红外热成像技术的应用是通过红外热像仪来实现的。红外热成像是利用红外探测器以及光学物镜,将无法直接观测到的红外线辐射转变为可以观测的热图像的一种技术。为进一步通过实验法研究 BFPC-BFPC 结合面的温度场以及验证 BFPC-BFPC 结合面热学特性参数模型的正确性,本节利用热成像仪测试不同压力预载荷组合下的 BFPC-BFPC 结合面温度场。

4.5.2.1　实验装置

本实验采用德国 InfraTec 公司生产的红外热成像仪,其型号为 VarioCAM® hr,所用的图像处理软件为红外热图像仪的配套软件 IRBIS 3。实验所用的加热电压为 $U=20.55$ V,加热膜的电阻为 $R=10.6$ Ω。实验所用 BFPC-BFPC 组合试件以及载荷施加装置与导热系数测试实验的完全相同。

4.5.2.2　实验原理

实验原理如图 4-20 所示,对 BFPC-BFPC 组合试件进行加热时组合试件表面的红外辐射通过红外镜头转变为辐射信号;辐射信号经过红外探测器被转换为电信号,电信号经过电子组件的加工处理后进入显示组件在显示屏上呈现出温度场云图。

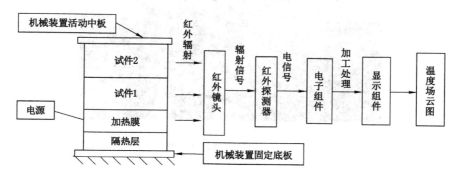

图 4-20　BFPC 结合面温度场测试实验原理图

4.5.2.3　实验步骤

(1) 对 BFPC-BFPC 结合面温度场测试前需要对热成像仪进行调节。首先调节热成像仪的高度使红外镜头正对 BFPC 组合试件的位置,接着对焦距进行调节使其可以完整显示图像,最后对工作波段、温度测试范围进行调节使图像色彩具有更好的对比度、区分度。

(2) 接通加热装置的电源开关,与此同时将热成像仪的 S 键按下两次进行原始状态的温度场数据采集。之后每隔 5 min 进行一次数据采集,经过一段时间后系统进入稳态,停止加热并关闭热成像仪。取下热成像仪中的 SD 卡插入电脑,将实验数据导入电脑。

第一次实验结束后,取下试件和加热膜放置在通风的地方,等到温度和室温相同后继续做下一次实验。分别记录下不同表面粗糙度和预载荷组合下的温度场数据,实验现场如图 4-21 所示。

4.5.2.4　结果与分析

实验测得不同表面粗糙度与预载荷组合下的 BFPC 组合试件温度场的红外热成像图,将温度场云图导入 IRBIS 3 软件进行分析并与有限元仿真温度场云图进行对比。

(1) 提取不同时刻热成像实验与仿真分析的温度场

本节选取表面粗糙度为 6.3 μm、结合面压力预载荷为 0.8 MPa 组合下 BFPC 组合试件在 1 200 s、2 400 s、3 600 s、4 800 s、6 000 s、7 200 s 时,BFPC 组合试件的红外热成像图,如图 4-22 所示(图中 L1 为温度场红外热成像图的温度提取路径)。

采用与 4.4 节相同的仿真方法,通过仿真研究 BFPC-BFPC 组合试件与实验相同工况下的仿真温度云图,并提取 BFPC-BFPC 组合试件在 1 200 s、2 400 s、3 600 s、4 800 s、6 000 s、7 200 s 时刻的温度场云图,如图 4-23 所示。

图 4-21　温度场测试实验现场

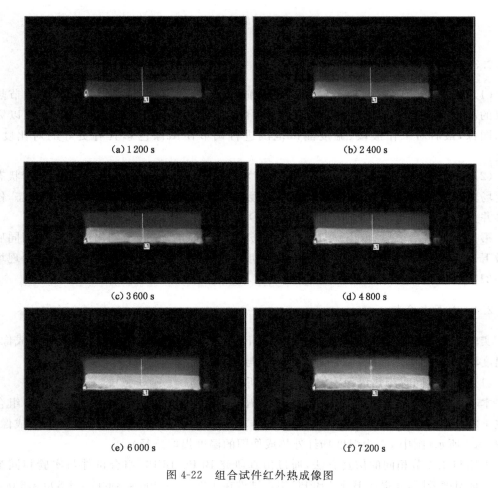

（a）1 200 s　　　　　　　　（b）2 400 s

（c）3 600 s　　　　　　　　（d）4 800 s

（e）6 000 s　　　　　　　　（f）7 200 s

图 4-22　组合试件红外热成像图

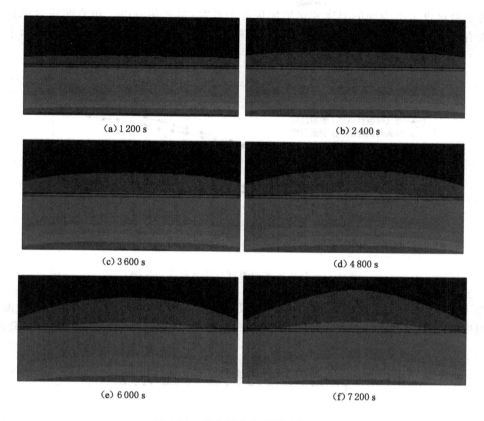

(a) 1 200 s　　　　　　　　　　　　(b) 2 400 s

(c) 3 600 s　　　　　　　　　　　　(d) 4 800 s

(e) 6 000 s　　　　　　　　　　　　(f) 7 200 s

图 4-23　组合试件仿真温度场云图

由图 4-22、图 4-23 可知,仿真得到结合面试件温度场分布与实验温度场分布基本一致。通过对比可以发现,实验红外图中在结合面试件的接触位置试件温度出现陡降,与仿真时虚拟材料层的温度陡降也十分吻合。但由图 4-23 可知,由于接触热阻的存在有限元仿真的温度云图在下试件中温度变化更加明显。相比于红外热成像图,有限元仿真温度场云图更加理想。

由图 4-22 可知,组合试件的红外热成像图整体温度的最高点出现在左下角加热膜与导线相连接的位置,这是因为导线与加热膜的电阻丝接触不完美,产生额外热量使其温度局部升高;最低点出现在右上角的位置,而且越随时间增大越来越明显。

综上所述,热流传递呈现层状分布,结合面的接触热阻的存在使得热流的传递受阻造成了温度场呈现出不同的温度梯度。

（2）热成像实验与仿真分析组合试件上下表面的温度变化

分别提取红外热成像温度场云图与有限元仿真温度场云图在不同时刻的下表面与上表面的温度,由所得数据导绘上下表面温度变化曲线图,如图 4-24 所示。从整体上来看,组合试件下表面仿真温度高于热成像实验对应位置的温度;组合试件的上表面仿真温度高于实验上表面对应位置的温度。造成这种现象的原因是实验时在组合试件下表面放置的隔热层并不能完全保证阻止热量的散失,因此热成像实验的温度值低于仿真;在仿真时组合试件上表面并未增加散热,但是在实验过程中上表面会散热,因此实验温度低于仿真温度。

实验时组合试件上下表面的温度变化更加接近于真实,与之相对由于仿真时组合试件上下表面没有施加散热因此温度的变化更加趋于理想化,但是总体上温度的变化基本上趋于一致。

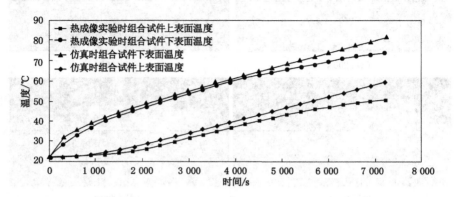

图 4-24 热成像实验温度与仿真温度对比图

综上所述,热成像实验与有限元仿真分析所得温度场基本一致而且热成像实验温度与仿真温度变化趋势吻合,因此更进一步证明 BFPC-BFPC 结合面热特性参数模型正确有效。

4.6 BFPC-BFPC 结合面热力耦合特性研究

本节通过有限元仿真综合分析 BFPC-BFPC 结合面试件的力学性能、热学性能及热力耦合性能。

建立的有限元仿真分析模型如图 4-25 所示,网格划分、材料属性、热载荷以及热载荷边界条件的施加与第 4.4 节相同。仿真施加的力载荷为模拟结合面产生 0.8 MPa 预载荷时作用力,大小为 18 000 N,施加位置为试件中心的螺栓孔。

图 4-25 热力耦合特性分析三维模型

　　通过仿真计算得到单独施加热载荷,力载荷以及同时施加热、力载荷时组合试件的变形如图 4-26 所示。由图可知,三种状态下 BFPC 试件均出现变形不协调,施加载荷的一侧试件变形较大,另一侧试件变形相对较小。其中热载荷的热变形为 7.034×10^{-5} mm,主要是由于温度升高导致热膨胀而产生的变形;力载荷条件下的变形为 8.5467×10^{-5} mm,是由于压力作用下所导致的压缩变形;而在热力共同作用下的耦合变形为 6.55×10^{-5} mm,说明热变形和力载荷变形二者可以相互抵消一部分,起到一定的抑制变形的作用。

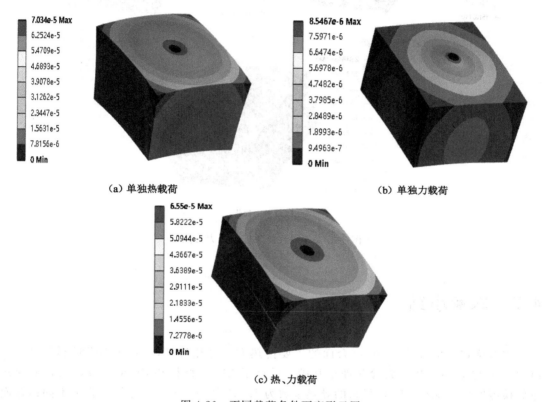

（a）单独热载荷　　　　　　　　　　　　　　（b）单独力载荷

（c）热、力载荷

图 4-26　不同载荷条件下变形云图

　　通过仿真计算得到单独施加热载荷,力载荷以及同时施加热、力载荷时组合试件的应力如图 4-27 所示。由图可知,单独施加力载荷组合试件的最大应力在三种状态下最小,热力载荷耦合作用时组合试件的最大应力在三种状态下最大,而且热力载荷同时施加时最大应力要远大于其他两种载荷单独施加时的最大应力。造成这种现象的原因是在热、力载荷共同作用下,热载荷的效果是膨胀作用,而力载荷是压缩的作用,二者相对,相互挤压,进而产生更大应力,但热力耦合作用下的应力大小并非是单独热载荷和单独力载荷作用下效果的叠加。结合面上的热载荷与力载荷是相互影响的,在热载荷以及力载荷同时作用的情况下在结合面部位会产生极大的应力突变。因此对包含 BFPC-BFPC 结合面的机床基础件进行热力耦合特性分析可以精确计算出模型的应力和变形,其结果可用于指导机床基础件结构设计。

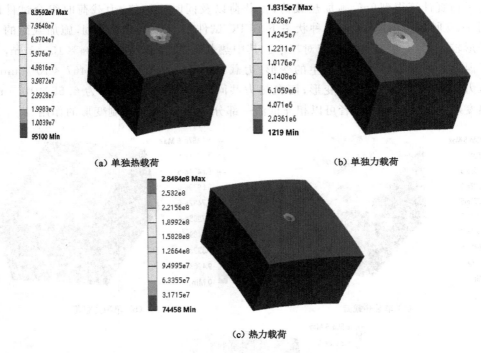

图 4-27　不同载荷条件下应力云图

4.7　本章小结

　　本章确定了 BFPC-BFPC 结合面的主要传热方式是热传导,分析了 BFPC 材料和 BF-PC-BFPC 结合面导热系数检测理论基础。设计了 BFPC 材料和 BFPC-BFPC 结合面导热系数检测实验。测得 BFPC 材料的导热系数为 1.513 W/(m·℃),分析计算了不同结合面压力预载荷时的结合面导热系数,发现结合面导热系数随着预载的增大,呈现了先快速增大后缓慢增大的趋势。基于虚拟材料法建立了 BFPC-BFPC 结合面热性能的仿真分析模型,通过与实验结果对比分析发现二者结果吻合较好,验证了虚拟材料仿真分析方法的正确性;又通过热成像实验进一步分析结合面试件温度分布梯度和云图并与仿真分析结果对比,分析结果显示二者吻合,进一步证明了虚拟材料仿真分析方法的正确性。通过仿真分析方法研究了 BFPC-BFPC 组合试件的单独热载荷、力载荷及热力耦合载荷作用下的应变和应力,证明结合面的热载荷与力载荷是相互影响的,且热力耦合的结果不是单独热载荷和力载荷结果的简单叠加,需要综合考虑和分析。

参考文献

[1] 付世欣.力热作用下机械结合面物理参数表征研究[D].武汉:华中科技大学,2013.

［2］ LIU J,MA C,WANG S,et al. Thermal-structure interaction characteristics of a high-speed spindle-bearing system［J］. International journal of machine tools and manufacture,2019,137:42-57.

［3］ 屈重年,伍良生,马建峰,等.基于分形理论多孔含油介质结合面动态刚度研究［J］.北京工业大学学报,2013,39(7):976-980.

［4］ 张学良,范世荣,温淑花,等.基于等效横观各向同性虚拟材料的固定结合部建模方法［J］.机械工程学报,2017,53(15):141-147.

［5］ 郑思贤.BFPC 机床基础件固定结合面动态特性分析及应用研究［D］.阜新:辽宁工程技术大学,2019.

第 5 章　钢-BFPC 结合面动态性能

　　BFPC 机床中存在许多钢-BFPC 结合面，如钢导轨和 BFPC 机床基础件间的结合面等。和 BFPC-BFPC 结合面一样，钢-BFPC 结合面的动态性能对 BFPC 机床整机也有关键影响。但该类结合面与 BFPC-BFPC 结合面也存在一定区别，如钢的强度和硬度要远高于 BFPC 材料，钢-BFPC 结合面可以认为是质地较软的 BFPC 材料与刚性平面接触。因此该类结合面符合"刚-柔"性接触，能够以分形接触理论为基础进行相关研究。本章以分形接触理论为基础结合钢-BFPC 结合面实际接触面积比离散计算方法建立结合面的"离散-分形"接触刚度理论模型，并通过模态实验验证理论模型的正确性。为拓展其应用，以某型 BFPC 车床床身为研究实例，分别以"离散-分形"接触模型的虚拟材料有限元仿真和模态实验方法对 BFPC 车床床身动态性能展开研究，并对比分析二者结果。本章内容可为钢-BFPC 结合面研究提供新方法。

5.1　钢-BFPC 结合面"离散-分形"法向接触刚度模型研究

5.1.1　BFPC 粗糙表面分形特征参数

　　根据第 2 章可知机械加工的粗糙表面具有分形特征，具有分形特征的图案叫分形集，分形集在形成过程是具有不确定性的。分形集通常用分形维数表述其特征[1]。

　　根据参考文献[2,3]可知分形参数 D 和 G 可以通过测量钢-BFPC 结合面表面形貌的连续功率谱密度函数然后采用结构函数法提取得到。钢-BFPC 结合面表面在经过三维表面形貌仪扫描后，测量得到一系列高度不同的三维空间曲面，这些高低不同的凸起与凹陷之间满足自相似性。通过实验方式获得 BFPC 试件粗糙表面分形特征参数。BFPC 试件为 $50 \text{ mm} \times 50 \text{ mm} \times 20 \text{ mm}$ 的立方体试件，粗糙度为 $Ra6.3$。采用 Nanovea PS50 型非接触式三维表面形貌测试仪测量粗糙表面三维参数。根据实际测量到的粗糙表面形貌数据，利用 MATLAB 进行功率谱分析，绘制得到功率谱密度和频率的双对数坐标图，使用 MATLAB 软件进行曲线拟合得到分形参数。为提高准确性，采用了 3 次实验取平均值得到 BFPC 粗糙表面的分形特征参数。3 次测量结果及平均值如表 5-1 所示。

表 5-1　BFPC 粗糙表面分形特征参数

序号	分形维数 D	特征长度尺度参数 G
1	1.155	3.12×10^{-13}
2	1.182	2.45×10^{-13}
3	1.170	2.77×10^{-13}
平均值	1.169	2.78×10^{-13}

5.1.2　钢-BFPC 结合面"离散-分形"接触刚度模型

BFPC 和钢形成的结合面可以看作一个粗糙表面与一个刚性平滑表面相接触,如图 5-1 所示[4]。

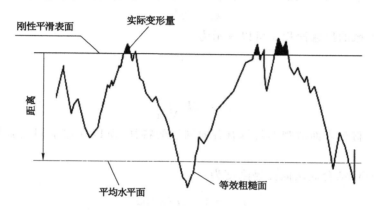

图 5-1　粗糙表面与刚性平滑表面接触示意图

将粗糙表面上的单个微凸体近似等效为等效曲率半径为 R 的球体。受到法向载荷 p 的作用下,球体与光滑平面相接触产生法向接触变形 δ,其接触状态则如图 5-2 所示。

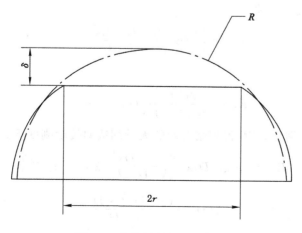

图 5-2　凸峰接触变形示意图

若其接触区域半径为 r，那么有

$$p = \frac{4}{3} E R^{\frac{1}{2}} \delta^{\frac{3}{2}} \tag{5-1}$$

$$r = \left(\frac{3pR}{4E} \right)^{\frac{1}{3}} \tag{5-2}$$

$$\frac{1}{E} = \frac{1-\nu_1^2}{E_1} + \frac{1-\nu_2^2}{E_2} \tag{5-3}$$

式中　E_1——钢的弹性模量；

　　　E_2——BFPC 材料的弹性模量，45 GPa[5]；

　　　ν_1——钢的泊松比，0.3；

　　　ν_2——BFPC 材料的泊松比，0.25[5]；

　　　E——等效弹性模量。

由式(5-1)和式(5-2)可知，单个微凸体与平面接触的法向接触刚度 k_n 为

$$k_n = 2Er \tag{5-4}$$

由于接触区域的接触面积 a 可以表示为：

$$a = \pi r^2 \tag{5-5}$$

于是有

$$k_n = 2E \sqrt{\frac{a}{\pi}} \tag{5-6}$$

因为 BFPC 材料表面微观形貌具有各向同性的特征，所以在这里假设微凸体之间不发生相互作用[4]。

这样钢-BFPC 结合面法向接触刚度为

$$K_n = \int_{a_c}^{a_1} k_n n(a) \, da \tag{5-7}$$

式中，$n(a)$ 为接触点分布密度函数，$n(a) = \frac{D}{2} \dfrac{a_1^{\frac{D}{2}}}{a^{(\frac{D}{2}+1)}}$；$a_1$ 为最大接触点的面积，数值为 1；a_c 为临界接触面积。

将式 $n(a)$ 代入式(5-7)得

$$K_n = \int_{a_c}^{a_1} 2E \sqrt{\frac{a}{\pi}} \frac{D}{2} \frac{a_1^{\frac{D}{2}}}{a^{(\frac{D}{2}+1)}} \, da \tag{5-8}$$

整理得

$$K_n = \frac{2EDa_1^{\frac{D}{2}}}{\sqrt{\pi}(1-D)} \left(a_1^{\frac{1-D}{2}} - a_c^{\frac{1-D}{2}} \right) \tag{5-9}$$

对上式进行无量纲化处理，得到结合面的无量纲法向接触刚度 K_n^* 为

$$K_n^* = \frac{2}{\sqrt{\pi}} g_1(D) \lambda^{\frac{D}{2}} \left[\left(\frac{2-D}{D} \right)^{\frac{1-D}{2}} \lambda^{\frac{1-D}{2}} - a_c^{*\frac{1-D}{2}} \right] \tag{5-10}$$

$$g_1(D) = \frac{(2-D)^{\frac{D}{2}} \cdot D^{\frac{2-D}{2}}}{(1-D)}$$

式中　K_n^*——无量纲法向接触刚度,其转化关系为 $K_n^* = \dfrac{K_n}{E\sqrt{A_a}}$,式中,$A_a$ 为名义接触面

积,mm^2;

λ——实际接触面积比;

a_c^*——无量纲临界接触面积,转化关系为 $a_c^* = \dfrac{a_c}{A_a} = \dfrac{G^{*2}}{\left[H/(2E)\right]^{\frac{2}{D-1}}}$,其中,$H$ 为较软

材料的硬度,即 BFPC 的硬度;

G^*——无量纲特征长度尺度参数,转化关系为 $G^* = \dfrac{G}{\sqrt{A_a}}$。

结合结合面实际接触面积比公式得

$$K_n^* = \frac{2}{\sqrt{\pi}} g_1(D) \left[0.072\,64 P^{0.624\,5}\right]^{D/2} \left[\left(\frac{2-D}{D}\right)^{\frac{1-D}{2}} (0.072\,64 P^{0.624\,5})^{\frac{1-D}{2}} - a_c^{*\;\frac{1-D}{2}}\right] \quad (5\text{-}11)$$

式(5-11)即为钢-BFPC 结合面"离散-分形"法向接触刚度模型。

5.2　钢-BFPC 结合面"离散-分形"法向接触刚度模型实验验证

为了对上节提出的钢-BFPC 结合面"离散-分形"法向接触刚度模型的准确性进行验证,本节通过对钢-BFPC 试件进行模态实验。

5.2.1　实验原理

钢和 BFPC 试件受到法向载荷作用挤压形成结合面。结合面刚度由结合面间相互接触微凸体的接触特性决定,将相互接触的微凸体的共同作用等效为一弹簧系统。由于 BFPC 试件和钢试件的刚度远大于钢-BFPC 结合面刚度 k,因此将钢试件和 BFPC 试件视为刚体且二者之间通过一弹簧(钢-BFPC 结合面)连接,当 BFPC 试件被固定时,模型的刚度可看作由钢-BFPC 结合面提供。由于结合面阻尼对整个机械振动系统固有频率影响较小,因此忽略阻尼的影响。可以将这个模型看作单自由度自由振动系统,其等效动力学理论模型如图 5-3 所示。

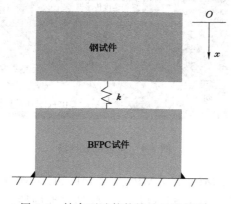

图 5-3　结合面试件等效动力学模型

采用能量法求得钢试件的运动方程为

$$m\ddot{x} + kx = 0 \qquad (5\text{-}12)$$

式中，m 为钢试件质量；k 为结合面法向接触刚度。

假设钢-BFPC试件振动系统的自由振动为简谐运动（振幅为 A），则系统的最大动能以及最大势能为

$$T_{\max} = \frac{1}{2}m\omega_n^2 A^2, \quad U_{\max} = \frac{1}{2}kA^2 \qquad (5\text{-}13)$$

因为系统的动能和势能最大值相同，所以钢-BFPC组件的固有频率为

$$\omega_n = \sqrt{\frac{k}{m}} \qquad (5\text{-}14)$$

故通过实验测得式(5-14)中的 ω_n 后即可求得钢-BFPC结合面刚度 k。

5.2.2 实验过程及结果

采用模态实验检测结合面试件的固有频率。实验主要用到的仪器有 LC02-7018 型激振力锤、DH311E 型加速度传感器、DH5922N 型动态信号测试系统、计算机等。使用数据传输线连接计算机、动态信号测试系统、加速度传感器、力锤，打开与动态测试系统配套的 DHDAS 动态信号采集分析软件。利用力矩扳手对钢-BFPC试件施加 0.6 MPa 的压力预载荷，并将其固定于地面，将加速度传感器固定在钢试件上表面靠近中心位置，实验现场如图 5-4 所示。利用力锤垂直敲击钢试件上表面中心位置对其施加一个脉冲激励，并通过加速度传感器拾取振动响应信号并传递到计算机中，再对振动信号数据进行处理，得到模态频率。

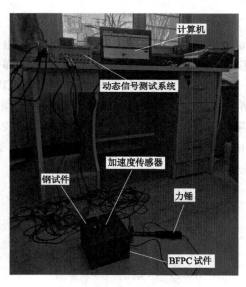

图 5-4 模态试验现场

然后依次对其余的 0.2 MPa、0.4 MPa、0.8 MPa、1.0 MPa 结合面压力预载荷情况进行检测，并且每种压力进行 3 次检测，以保证实验结果准确性。其中 0.6 MPa 时的振动加

速度信号如图 5-5 所示。

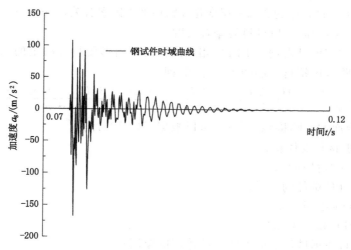

图 5-5　预载荷为 0.6 MPa 时钢试件振动加速度曲线图

根据实验测得的振动曲线求得钢-BFPC 组合试件的固有频率,再利用式(5-14)求得钢-BFPC 结合面刚度 k,计算结果如表 5-2 所示。再通过理论求得理论下的接触刚度通过对比分析,来验证理论计算结果的正确性和准确性。

表 5-2　结合面法向接触刚度

结合面预载荷 P/MPa	固有频率/Hz	实验法向接触刚度 K_n/(N/m)	理论法向接触刚度 K_n/(N/m)	相对误差
0.2	787.17	4.32E+8	4.03E+8	6.7%
0.4	916.80	5.86E+8	5.62E+8	4.1%
0.6	990.50	6.84E+8	6.60E+8	3.5%
0.8	1 030.94	7.41E+8	7.24E+8	2.3%
1.0	1 070.53	7.99E+8	7.63E+8	4.5%

对比两种方法结果可知二者相对误差较小最大仅为 6.7%,证明了"离散-分形"法向接触刚度模型的准确性,也间接证明基于离散原理计算结合面实际接触面积比方法的正确性和有效性。

5.3　钢-BFPC 结合面动态性能仿真分析及应用

本节以含有钢-BFPC 结合面的 BFPC 机床床身为实例,将"离散-分形"接触刚度模型与虚拟材料仿真分析方法相结合建立钢-BFPC 结合面动态性能仿真分析模型。

5.3.1　钢-BFPC 结合面等效虚拟材料参数的确定

(1) 钢-BFPC 结合面虚拟材料的等效厚度

BFPC 材料的等效厚度已经在本书 4.4.1 部分讨论,其厚度可以取 $h_B = 0.75$ mm。钢的等效厚度与其机械加工过程中的金属表层变化及粗糙度等因素有关,这里取 $h_s = 0.25$ mm。

(2) 钢-BFPC 结合面虚拟材料的等效密度

虚拟材料层的密度是由钢和 BFPC 相互接触的表面形貌特征决定的,其大小为虚拟材料层的等效质量除以虚拟材料层的等效体积,即

$$\rho = \frac{m_s + m_B}{V} = \frac{\lambda(\rho_s A_n h_s + \rho_B A_n h_B)}{A_n(h_s + h_B)} = \frac{(0.072\,64 P^{0.624\,5})(\rho_s h_s + \rho_B h_B)}{h_s + h_B} \quad (5\text{-}15)$$

式中　λ——结合面的实际接触面积比,可以根据式(2-19)计算;

　　　V——虚拟材料的体积;

　　　m_s——钢试件的质量;

　　　m_B——BFPC 试件的质量;

　　　ρ_s——钢试件的密度;

　　　ρ_B——BFPC 试件的密度;

　　　h_s——分布在钢试件表面上的微凸体层的厚度;

　　　h_B——分布在 BFPC 试件表面上的微凸体层的厚度。

(3) 钢-BFPC 结合面虚拟材料的等效泊松比

当钢-BFPC 结合面承受法向载荷时,相互接触的位于粗糙表面上的微凸体会产生切向和法向变形。因为实际接触面积只是名义接触面积的一小部分,因此有许多间隙存在于微凸体之间。微凸体的切向变形会填充到各个微凸体之间的缝隙中。因此钢-BFPC 结合面的整体切向变形大小为零,所以认为虚拟材料的等效泊松比为 0。

(4) 钢-BFPC 结合面虚拟材料的等效弹性模量

本书 3.6.2 部分中研究了虚拟材料的等效弹性模量 E_n 与结合面单位接触刚度的关系,对于钢-BFPC 结合面同样适用,因此钢-BFPC 结合面虚拟材料的弹性模量为

$$E_n = \frac{K_n h}{A_a} = K_n' h \quad (5\text{-}16)$$

又 $K_n' = \dfrac{2ED\left(A_a \dfrac{2-D}{D}\right)^{\frac{D}{2}} \lambda^{\frac{D}{2}}}{\sqrt{\pi}(1-D)}\left[A_a^{\frac{1-D}{2}}\left(\dfrac{2-D}{D}\right)^{\frac{1-D}{2}} - \lambda^{\frac{1-D}{2}} - a_c^{\frac{1-D}{2}}\right]$,故

$$E_n = K_n' h = h\frac{2ED\left(A_a \dfrac{2-D}{D}\right)^{\frac{D}{2}} \lambda^{\frac{D}{2}}}{\sqrt{\pi}(1-D)}\left[A_a^{\frac{1-D}{2}}\left(\dfrac{2-D}{D}\right)^{\frac{1-D}{2}} - \lambda^{\frac{1-D}{2}} - a_c^{\frac{1-D}{2}}\right] \quad (5\text{-}17)$$

将结合面实际接触面积比公式代入式(5-17)可得

$$E_n = h\frac{2ED\left(A_a \dfrac{2-D}{D}\right)^{\frac{D}{2}}(0.072\,64 P^{0.624\,5})^{\frac{D}{2}}}{\sqrt{\pi}(1-D)}\left[A_a^{\frac{1-D}{2}}\left(\dfrac{2-D}{D}\right)^{\frac{1-D}{2}} - \right.$$

$$\left. (0.072\,64 P^{0.624\,5})^{\frac{1-D}{2}} - a_c^{\frac{1-D}{2}}\right] \quad (5\text{-}18)$$

5.3.2　基于虚拟材料法的钢-BFPC 机床床身结合面模态特性仿真分析

以图 5-6 所示的 BFPC 机床床身作为研究对象,BFPC 床身主要由钢导轨 1、2 及 BFPC

基座构成。钢导轨 1、2 与 BFPC 床身基座的粗糙接触表面构成钢-BFPC 结合面。BFPC 床身的结合面预载荷为 0.6 MPa,钢导轨和 BFPC 床身相互接触表面的粗糙度均为 $Ra6.3$。导轨 1 与 BFPC 床身基座的名义接触面积为 55 000 mm^2,导轨 2 与 BFPC 床身基座的名义接触面积为 35 000 mm^2。

图 5-6　BFPC 机床床身

通过 SolidWorks 软件建立 BFPC 机床床身的三维模型,建模时删除对结果影响较小的倒角、螺栓孔等结构,并在钢导轨和 BFPC 床身接触的位置绘制出 1.5 mm 的虚拟材料层。三维模型如图 5-7 所示。然后分别按照钢、BFPC 材料及虚拟材料的材料参数对模型添加材料属性,其中钢的弹性模量为 206 GPa,密度为 7 850 kg/m^3,泊松比为 0.3;根据式(5-15)和式(5-18)得到虚拟材料的弹性模量为 32.18 GPa,密度为 208.56 kg/m^3,且其泊松比为 0。BFPC 材料参数与第 2 章分析时相同。对模型采用自由网格划分,网格大小为 10 mm。设置导轨与虚拟材料层的接触和虚拟材料层与 BFPC 床身的接触均为绑定接触。在 BFPC 床身与地面接触的平面施加固定约束。

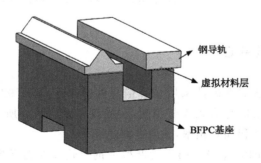

图 5-7　BFPC 机床床身三维模型

求解得到 BFPC 机床床身前三阶模态振型如图 5-8 所示。BFPC 机床床身的前三阶固有频率分别为 913.49 Hz、1 265.5 Hz、1 339.3 Hz。BFPC 机床床身的第 1 阶振型为钢导轨 2 左右摆振;第 2 阶振型为钢导轨 2 扭转振动;第 3 阶振型为钢导轨 1 弯曲变形加左右摆振。

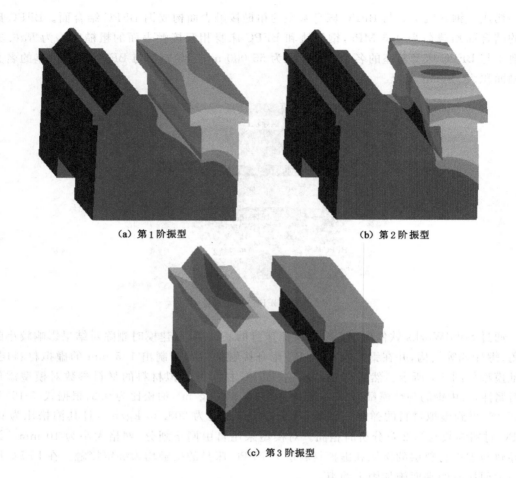

(a) 第1阶振型　　　　　　　　　　　(b) 第2阶振型

(c) 第3阶振型

图 5-8　考虑结合面的 BFPC 机床床身前三阶振型图

5.3.3　仿真分析实验验证

　　为验证仿真分析方法的准确性采用动态信号测试系统(DH5922N)检测 BFPC 床身的模态性能。实验系统和仪器与第 3.3 节相同,实验现场如图 5-9 所示。通过力锤激励法测得 BFPC 床身的模态振型和固有频率,如图 5-10 所示。

　　根据图 5-10 可知 BFPC 床身的第 1 阶振型是钢导轨 2 左右摆振;BFPC 床身的第 2 阶振型是钢导轨 2 左右摆振及导轨 1 发生振动;第 3 阶振型是导轨 1 弯曲变形并伴随左右摆振,这与仿真分析得到的振型基本一致。实验第 1 阶频率为 875.09 Hz,实验第 2 阶频率为 1 198.2 Hz,实验第 3 阶频率为 1 246.8 Hz。仿真和实验的各阶相对误差分别为 4.39%,5.62%,7.42%,误差均没有超过 10%,误差较小,证明仿真分析结果较准确,证明虚拟材料仿真分析方法准确、有效。

图 5-9　BFPC 机床床身模态测试实验

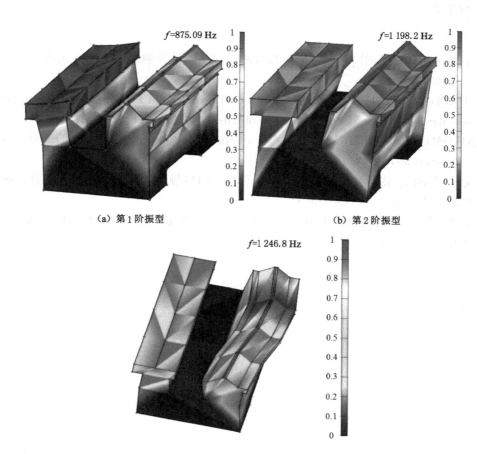

（a）第 1 阶振型　　　　　　　　　　（b）第 2 阶振型

（c）第 3 阶振型

图 5-10　BFPC 床身实验前三阶模态振型

5.4　本章小结

　　本章建立了钢-BFPC结合面的"离散-分形"法向接触刚度模型。基于模态实验检验了钢-BFPC结合面的"离散-分形"法向接触刚度模型的准确性,结果表明二者的最大相对误差为6.7%,证明了钢-BFPC结合面的"离散-分形"法向接触刚度模型的准确性。基于建立的钢-BFPC结合面的"离散-分形"法向接触刚度模型,采用虚拟材料法建立钢-BFPC结合面的仿真分析模型,并以含有钢-BFPC结合面的BFPC机床床身为实例,采用有限元仿真分析方法和模态实验方法研究该床身的模态特性,并对比二者相对误差,结果证明最大相对误差为7.42%,证明了基于"离散-分形"法向接触刚度模型的虚拟材料仿真分析方法的有效性和准确性,也将促使钢-BFPC结合面仿真分析方法得到具体应用。

参考文献

[1] 范立峰,赵璐,聂雯,等.界面分形参数对法向接触刚度影响的研究[J].工程力学,2021,38(7):207-215.

[2] MAJUMDAR A,BHUSHAN B. Role of fractal geometry in roughness characterization and contact mechanics of surfaces[J]. Journal of tribology,1990,11(2):205-216.

[3] MAJUMDAR A,TIEN C L. Fractal characterization and simulation of rough surfaces [J]. Wear,1990,136(2):313-327.

[4] 谭文兵,兰国生,张学良,等.固定机械结合面法向接触刚度分形模型[J].组合机床与自动化加工技术,2021(4):36-39,44.

[5] 沈佳兴.BFPC数控龙门加工中心龙门框架组件优化设计及性能分析[D].阜新:辽宁工程技术大学,2018.

第 6 章　钢-BFPC 结合面热及热力耦合性能

因钢和 BFPC 材料的热性能存在较大差异,因此热量在二者中的传递差异较大,且在钢-BFPC 结合面处的导热性出现较大变化,导致热流在钢-BFPC 结合面处存在严重的收缩,阻碍热量传递。为研究钢-BFPC 结合面的热性能及其热力耦合性能,本章首先建立钢-BFPC 结合面热性能的虚拟材料理论模型,分析、推导钢-BFPC 结合面热性能虚拟材料的等效参数,并通过仿真分析研究钢-BFPC 结合面的热性能。通过结合面温差检测实验和红外观测实验检验理论和仿真分析的准确性。最后通过仿真分析方式研究钢-BFPC 结合面的热力耦合性能。

6.1　基于虚拟材料法的钢-BFPC 结合面热性能理论模型

如图 6-1(a)所示,钢-BFPC 结合面的实际接触面积远小于名义接触面积,在结合面处是两个接触体的微凸峰相互接触,并在微凸峰的接触间隙中充满空气[1-3]。由图 6-1(a)可知,在钢-BFPC 结合面中存在两种接触方式,分别为:钢-BFPC 的固体材料接触、钢-空气介质-BFPC 的包含空气介质的接触。因为空气热阻远大于钢和 BFPC 的热阻,所以热流传递到钢-BFPC 结合面处会出现较大阻碍,使得结合面两侧试件的温度出现骤降。在钢-BFPC 结合面内部,因为空气介质的阻碍,热流方向会向热阻小的固体接触位置偏转,因此结合面内部的热流会向有固体接触位置收缩,出现固体接触位置的热流密度局部变密集的情况,如图 6-1(a)所示。

为模拟钢-BFPC 结合面热性能,在钢试件和 BFPC 时间之间添加一层虚拟材料,如图 6-1(b)所示,虚拟材料与钢试件和 BFPC 试件之间完全接触且接触位置的热学性能为理想联结。根据理论分别计算钢-BFPC 结合面的等效传热系数 ζ_c、等效密度 ρ_c、等效比热容 c_c 并将求得的等效热性能参数赋予虚拟材料,利用虚拟材料模拟钢-BFPC 结合面相关热性能。下面推导虚拟材料的热性能参数。

6.1.1　钢-BFPC 结合面的等效导热系数

在钢-BFPC 结合面间的热量传递包括钢和 BFPC 实际接触位置的导热;结合面未接触位置的中间介质的导热及结合面的辐射换热。因为钢-BFPC 结合面温度相对较低,其辐射

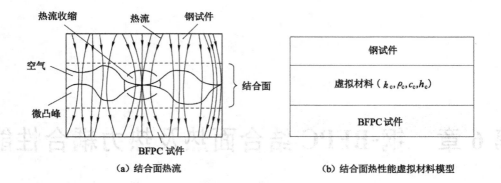

（a）结合面热流　　　　　　　　　　　　（b）结合面热性能虚拟材料模型

图 6-1　钢-BFPC 结合面热性能及虚拟材料模型

换热微小，因此可以忽略。因此钢-BFPC 结合面的虚拟材料等效传热系数 ζ_c[4]为：

$$\zeta_c = \frac{1}{h_c}\left[2\lambda_c \frac{k_s k_B}{k_s + k_B} + \lambda_v k_v\right] \tag{6-1}$$

式中，h_c 为钢-BFPC 结合面虚拟材料的等效厚度，其大小为钢试件粗糙表面等效厚度 h_s 和 BFPC 试件粗糙表面等效厚度 h_B 之和；λ_c 为钢-BFPC 结合面实际固体材料接触面积 A_c 与结合面名义接触面积 A_n 之比，即 $\lambda_c = A_c/A_n$；λ_v 为空气介质的接触面积比，$\lambda_v = 1 - \lambda_c$；$k_s$、$k_v$ 分别为钢和空气介质的导热系数，其可以参阅相关资料确定；k_B 为 BFPC 的导热系数，$k_B = 1.513$ W/(m·℃)。

由钢-BFPC 结合面的热阻与传热系数及导热系数的关系可知钢-BFPC 结合面的热阻为

$$R_c = \frac{1}{\zeta_c A_n} = \frac{h_c}{A_n k_c} \tag{6-2}$$

由式（6-2）可知，钢-BFPC 结合面的等效导热系数 k_c 为

$$k_c = h_c \zeta_c = 2\lambda_c \frac{k_s k_B}{k_s + k_B} + \lambda_v k_v \tag{6-3}$$

根据式（6-3）可知钢-BFPC 结合面的等效导热系数可以认为是固体材料钢和 BFPC 的导热系数加权并联再与空气介质的导热系数加权串联。钢与 BFPC 的等效导热系数与钢和 BFPC 粗糙表面的等效厚度无关，实际接触面积比是影响等效导热系数的关键因素。

6.1.2　钢-BFPC 结合面的等效密度

虚拟材料层的等效密度可以根据式（5-15）计算。

6.1.3　钢-BFPC 结合面的等效比热容

虚拟材料的等效比热容与直接参与接触的固体接触材料及空气介质的质量有关。以参与构成结合面的钢质量、BFPC 质量、空气介质质量为权重通过线性叠加方式计算虚拟材料的等效比热容，大小为

$$c_c = \frac{c_s m_s + c_B m_B + c_v m_v}{\rho_c V} = \frac{c_s \rho_s V_s + c_B \rho_B V_B + c_v \rho_v (V - V_s - V_B)}{\rho_c V}$$

$$= \frac{c_s k_c \rho_s A_n \delta_s + c_B k_c \rho_B A_n \delta_B + c_v k_v \rho_v A_n \delta_c}{\rho_c A_n \delta_c} = \frac{c_s k_c \rho_s \delta_s + c_B k_c \rho_B \delta_B + c_v k_v \rho_v \delta_c}{\rho_c \delta_c} \tag{6-4}$$

式中，c_s、c_B、c_v 分别为钢和 BFPC 及空气介质的比热容。

根式(6-4)可知，钢和 BFPC 粗糙表面的等效厚度及其实际接触面积比为影响等比热容的关键因素，且影响形式与等效密度一致。

上述各等效参数均与钢-BFPC 结合面实际接触面积比有直接关系，结合面实际接触面积比大小已在第 2 章介绍。

6.1.4　钢-BFPC 结合面的等效厚度

钢-BFPC 结合面的虚拟材料层的等效厚度由钢和 BFPC 的厚度共同决定，BFPC 的厚度 $\delta_B = 0.75$ mm，钢的厚度 $\delta_s = 0.25$ mm，因此虚拟材料的等效厚度为 $\delta_c = \delta_B + \delta_s = 1$ mm。

6.2　压力预载荷对钢-BFPC 结合面等效热性能影响分析

常温时钢的导热系数为 45 W/(m·K)，比热容为 460 J/(kg·K)，热膨胀系数为 1.1×10^{-5}，密度为 7 850 kg/m³；空气的导热系数为 0.024 W/(m·K)，比热容为 1.005 kJ/(kg·K)，密度为 1.29 kg/m³；BFPC 的导热系数已测得 1.513 W/(m·K)，其比热容为 1 070 J/(kg·K)，热膨胀系数为 1.48×10^{-5}，密度为 2 850 kg/m³。根据钢-BFPC 结合面不同压力预载荷时的实际接触面积比，并将各参数代入式(6-3)和式(6-4)求得钢-BFPC 结合面等效导热系数、等效比热容，如表 6-1 所示。各等效参数与钢-BFPC 结合面压力预载荷的关系曲线如图 6-2 中点画折线所示。

表 6-1　钢-BFPC 固定结合面热性能参数与压力关系

压力/MPa	实际接触面积比/%	等效导热系数/[W/(m·K)]	等效比热容/[J/(kg·K)]
0.2	2.389	0.093	770.07
0.4	4.214	0.146	768.68
0.6	5.543	0.185	768.25
0.8	6.336	0.208	768.07
1	7.092	0.230	767.94

根据图 6-2 可知，各参数与结合面压力预载荷呈现非线性关系，其中等效导热系数随着压力载荷的增加而增加，而等效比热容随着压力载荷的增加而减小。这是因为结合面的热性能是由钢基体材料、BFPC 基体材料及空气介质三部分共同决定的，当结合面压力载荷增加时结合面的实际接触面积增加，使得参与接触传热的钢基体材料和 BFPC 基体材料增加而参与传热的空气介质的比例减小，且钢和 BFPC 的导热系数及密度均远大于空气介质的，

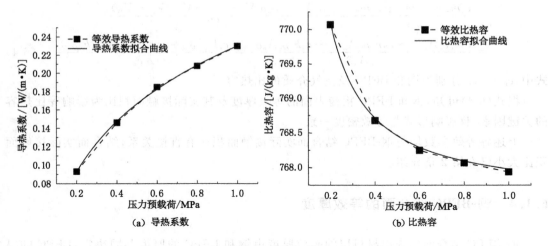

图 6-2 虚拟材料等效热性能参数变化规律

因此钢-BFPC结合面等效导热系数随着压力载荷增加而增加。同理,随着结合面压力预载荷增加实际接触面积增加,参与接触的钢和BFPC的比重增加,参与接触的空气介质比重减小,又因为空气介质的比热容约是钢的2.2倍,所以因钢比重增加所导致比热容增加的比例要远小于因为空气减少所导致比热容降低的比重,因此钢-BFPC结合面的等效比热容呈现下降趋势。各热参数与结合面压力载荷的拟合关系如图中光滑拟合曲线所示。

根据图 6-2 可知各等效参数与压力预载荷基本满足幂函数关系,利用 MATLAB 中拟合工具箱得到等效导热系数与钢-BFPC结合面压力预载荷的关系为

$$k_e = 0.619\,6P^{0.155\,8} - 0.389\,6 \tag{6-5}$$

等效比热容与钢-BFPC结合面压力预载荷的关系为

$$c_e = 0.382\,6P^{-1.168} + 767.6 \tag{6-6}$$

6.3 钢-BFPC 结合面热性能仿真分析

本节将有限元仿真分析与虚拟材料法相结合研究钢-BFPC结合面试件的热性能。分析粗糙度为 $Ra6.3$,尺寸为 $150\,\text{mm} \times 150\,\text{mm} \times 20\,\text{mm}$ 的 BFPC 试件与粗糙度为 $Ra3.2$,尺寸为 $150\,\text{mm} \times 150\,\text{mm} \times 10\,\text{mm}$ 的钢试件在压力预载荷为 1 MPa 时的热性能。仿真利用加热膜和电源对钢试件的底部加热,研究该加热条件下钢-BFPC试件的温度变化,而根据加热膜的电阻和电源电压可知加热膜的加热功率为 39.84 W,该加热功率将作为仿真分析的热源。具体仿真分析过程如下。

利用 Workbench 中的 DesignModeler 模块建立钢试件和 BFPC 试件的三维模型,建模时利用布尔运算分别在 BFPC 试件和钢试件在接触位置的两侧分别切割出 0.75 mm 和 0.25 mm 厚的薄层,再用加法布尔运算将切割出的两个薄层合并为一个实体用于模拟虚拟材料层,如图 6-3 所示。

图 6-3　钢-BFPC 结合面试件三维模型

利用 Workbench 中瞬态热分析模块研究钢-BFPC 结合面试件利用上述加热膜加热 1 200 s 的温度变化情况。仿真时钢、BFPC 及虚拟材料的热性能参数见第 6.2 节,并根据式(5-15)计算得到虚拟材料的等效密度为 208.56 kg/m³。对模型采用六面体网格划分,其中钢和 BFPC 试件的网格大小为 2 mm,虚拟材料的网格大小为 0.2 mm。为仿真加热膜的加热效果在钢试件的底面施加大小为 39.84 W 的 Heat Flow 载荷(热流率载荷),在结合面试件的所有直接与空气接触的侧面施加 Convection 载荷(对流载荷)用于模拟空气散热。设置求解时间为 1 200 s,求解初始步长为 12 s,最小步长为 1.2 s,最大步长为 120 s,初始环境温度为 22 ℃。网格和热载荷及边界条件设置如图 6-4 所示。

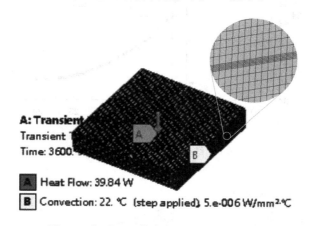

图 6-4　钢-BFPC 结合面试件仿真相关设置

仿真计算结果如图 6-5 所示,由图 6-5(a)可知钢试件温度较高,为 52.819 3 ℃,由图 6-5(b)可知组合试件的温度沿着厚度方向呈梯度下降,在虚拟材料层处存在骤变。如图 6-6 所示,该图是 BFPC 组件的侧面温度距离底部钢板底面不同距离的温度变化曲线,其中 δ_c 是虚拟材料层的厚度,ΔT 是虚拟材料层的温差即是结合面导致的温差,由图可知结合面的存在使热量传递发生较大阻碍,温度变化较剧烈。

BFPC 试件顶部温度云图如图 6-7 所示,由图可知 BFPC 试件的顶部最高温度为 37.6 ℃,出现在 BFPC 试件的中心位置。在 BFPC 试件各个顶点的温度较低是因为该处与空气接触,散热的作用导致其温度较低。

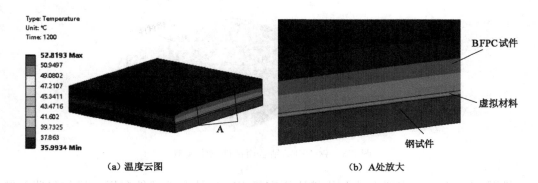

（a）温度云图   （b）A处放大

图 6-5 仿真计算结果

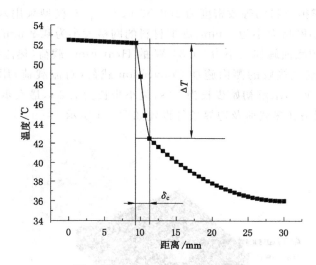

图 6-6 结合面试件温度变化曲线

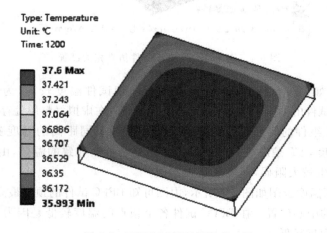

图 6-7 BFPC 试件顶部温度云图

6.4　钢-BFPC 结合面热成像分析

为检验上述分析的准确性采用红外热成像实验检测钢-BFPC 组合试件的温度云图。实验时使用的红外热成像仪是德国 InfraTec 的红外热成像仪，为了有可对比性，实验使用的加热膜和电源与仿真时的功率相同。

实验时先将结合面试件、加热膜、绝热石棉按照顺序压紧到机架中，利用力矩扳手调整压紧螺栓的压力使钢-BFPC 结合面的压力预紧力为 1 MPa。将 InfraTec 红外热成像仪固定到三脚架上并将其放到钢-BFPC 试件正前方，保证镜头正对试件，调整红外热成像仪与钢-BFPC 试件的距离使其完全呈现在红外热成像仪的显示器内。实验现场如图 6-8 所示。

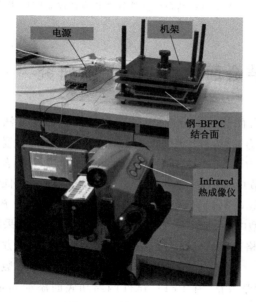

图 6-8　红外热成像实验

将钢试件底面的加热膜通电，加热膜对钢试件加热，热量经过结合面传递到 BFPC 试件使其温度升高。当加热到 1 200 s 时用 InfraTec 红外热成像仪观测结合面试件的红外图谱，如图 6-9 所示。因为结合面试件温度较高所以其为红色（仪器显示彩色图像），机架等部件温度较低所以颜色较暗。图中虚线矩形区域为钢-BFPC 结合面区域，红色直线位置为 BFPC 试件的最顶部，提取其温度如图 6-9 右侧所示，其最高温度为 35.9 ℃，最低为 29.91 ℃，平均温度为 34.14 ℃。温度分布不均主要是空气散热导致的。仿真时 BFPC 试件顶部最高温度为 37.6 ℃，与实验时 BFPC 试件顶部最高温度的相对误差为 4.735%，实验温度低于仿真温度是因为绝热石棉难以做到完全隔热，加热膜产生的热量会透过石棉传递到机架及空气中，因此加热膜的热量会流失一部分，导致实验的 BFPC 试件顶部温度略低，但仿真结果与实验结果误差相对较小也能够证明钢-BFPC 结合面热性能参数模型及仿真分析方法的正确性和准确性。

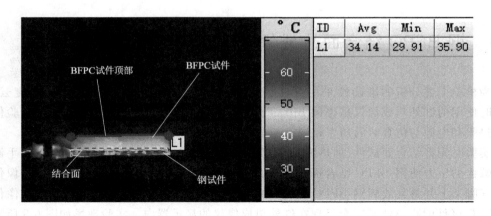

图 6-9   钢-BFPC 结合面试件红外热成像仪温度检测结果

6.5   钢-BFPC 结合面热力耦合特性研究

为研究钢-BFPC 结合面热力耦合性能,分别利用仿真分析方法研究钢-BFPC 结合面试件在单独受到 1 MPa 压力时的应力和变形,再研究结合面试件在受到第 6.3 节所述的热载荷和 1 MPa 压力时的应力和变形,对比分析结合面试件的热力耦合特性。

研究对象为第 6.3 节中建立模型试件的力学性能,模型的钢试件的粗糙度为 $Ra3.2$,BFPC 试件的粗糙度为 $Ra6.3$,组合试件的压力预载荷为 1 MPa,施加在钢试件的上表面。仿真分析时分别定义模型中钢、BFPC 及虚拟材料的材料属性。采用自由网格对钢试件和 BFPC 试件进行划分,网格尺寸大小为 5 mm;采用 Sweep(扫掠)方式对虚拟材料层进行网格划分,设置层数为 5 层。网格模型如图 6-10 所示,模型的节点数为 34 030 个,单元数为 6 525 个。为研究模型力学性能,在 BFPC 试件四周和底面添加固定约束,在钢试件上表面施加 1 MPa 的压力,载荷模型如图 6-11 所示。

图 6-10   网格模型

图 6-11 载荷模型

经求解得到钢-BFPC 组合试件的应力如图 6-12 所示,钢试件四周翘曲,并在虚拟材料的结合面处有最大应力,为 4.510 4 MPa。钢-BFPC 组合试件的变形如图 6-13 所示,模型的变形主要发生在钢试件的中心,最大变形为 0.000 620 79 mm。

图 6-12 应力云图

利用建立的热性能仿真分析模型,将热性能结果传递到力学分析模块中构成热力耦合分析模型,如图 6-14 所示。在力学分析模块中对 BFPC 试件四周和底面添加固定约束,在钢试件上表面施加 1 MPa 的压力,然后计算热力耦合作用下的应力和变形,结果如图 6-15 和图 6-16 所示。

根据图 6-15 可知,钢-BFPC 组合试件的最大应力为 5.180 8 MPa,最大应力发生在结合面接触位置,该应力比单纯施加力载荷时提高 14.86%,这是因为钢、BFPC 及结合面材料的热膨胀等性能相差较大,组合试件在受热后各试件具有不同的热膨胀趋势,产生的热应力加剧了试件的总应力。

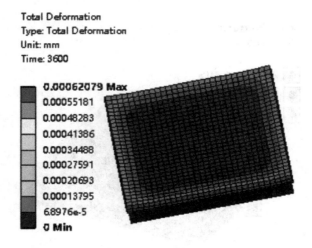

图 6-13　变形云图

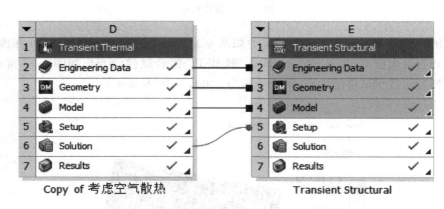

图 6-14　热力耦合分析模型

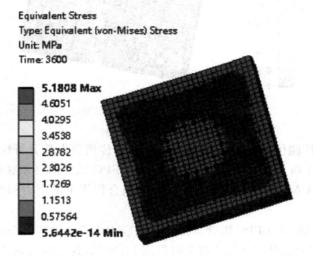

图 6-15　热力耦合应力云图

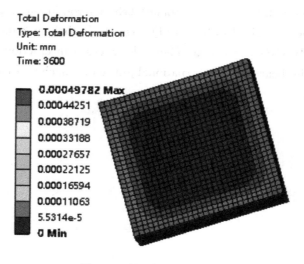

图 6-16　热力耦合变形云图

根据图 6-16 可知钢-BFPC 组合试件的最大变形为 0.000 497 82 mm,模型的变形主要发生在钢试件的中心,该变形比单纯施加力载荷时减小了 19.81%。这是因为模型受热后具有一定的膨胀性,但模型受到的压力载荷使模型压缩变形,二者可以部分抵消,从而使得变形减小。

6.6　本章小结

本章基于虚拟材料法建立了钢-BFPC 结合面热性能的理论和仿真模型,分析了压力预载荷对钢-BFPC 结合面等效热性能参数的影响规律,建立了相应的数学拟合模型。通过仿真分析软件与虚拟材料法相结合分析了钢-BFPC 结合面的热性能。通过热成像实验测得仿真分析工况下钢-BFPC 结合面的热性能,通过对比分析两种研究方法的结果发现,二者的相对误差为 4.735%,证明了其准确性。最后研究了钢-BFPC 结合面的热力耦合性能,发现热载荷会加剧钢-BFPC 结合面的总应力,但在一定程度上会抑制模型的总变形。

参考文献

[1] SHEN J X,XU P,YU Y H. Dynamic characteristics analysis and finite element simulation of steel-BFPC machine tool joint surface[J]. Journal of manufacturing science and engineering, 2020,142(1):011006-1-011006-10.

[2] MAJUMDAR A,BHUSHAN B. Fractal model of elastic-plastic contact between rough surfaces[J]. Journal of tribology,1991,113(1):1-11.

[3] JENG Y R,PENG S R. Elastic-plastic contact behavior considering asperity interactions for surfaces with various height distributions[J]. Journal of tribology,2006,128(2):245-251.

[4] LIU J,MA C,WANG S L,et al. Thermal-structure interaction characteristics of a high-speed spindle-bearing[J]. International journal of machine tools and manufacture, 2019,137:42-57.

第 7 章　BFPC 机床结合面性能应用：结合面参数优化设计

为充分利用 BFPC 机床结合面的特性使 BFPC 机床整机性能得到提高,本章以某型同时包含 BFPC-BFPC 结合面和钢-BFPC 结合面的 BFPC 龙门机床的龙门框架组件为研究对象,首先通过对比分析的方式研究了忽略和考虑结合面影响的 BPFC 龙门框架组件性能,检验两种情况下分析结果的误差,证明结合面对机床整机综合性能有关键影响。然后以 BFPC 龙门机床的 BFPC-BFPC 结合面和钢-BFPC 结合面压力预载荷关键参数为优化变量对 BFPC 龙门机床的动态及热性能进行优化设计,以提高龙门框架组件的综合性能,使本书的研究成果得到充分应用。

7.1　BFPC 龙门机床龙门框架组件性能分析

BFPC 龙门机床龙门框架组件如图 7-1 所示,其主要由 BFPC 立柱、BFPC 横梁、钢导轨组成。其中立柱和横梁的接触面构成 BFPC-BFPC 结合面(被横梁底部遮挡),钢导轨和 BFPC 横梁的接触面构成钢-BFPC 结合面,因此该 BFPC 龙门框架组件是既包含 BFPC-BFPC 结合面又包含钢-BFPC 结合面的机床基础件。为研究两种结合面对 BFPC 龙门框架组件性能的综合影响,本节将对 BFPC 龙门框架组件的模态性能、频响特性、热性能、热力耦合性能展开研究,并对比分析结合面对该 BFPC 龙门框架组件性能的影响。

7.1.1　忽略结合面影响的 BPFC 龙门框架组件性能

首先研究 BFPC 龙门框架组件在不考虑结合面影响时的模态性能、频响特性、热性能及热力耦合性能,具体分析过程及结果如下。

（1）模态性能

首先利用 ANSYS 软件对结构进行模态分析,确定结构的低阶固有频率和振型,为后续的结构频响分析提供参考。模态分析时需要定义结构的材料属性,按照表 7-1 分别定义结构中各部分结构的材料属性。BFPC 龙门框架组件工作时是立柱底部固定在地面上,因此在立柱底部与底面接触位置添加固定约束。因为本部分忽略结构中的结合面影响,所以建立图 7-1 所示的模型时忽略结合面的影响,将结构中立柱与横梁的接触位置和导轨与横梁

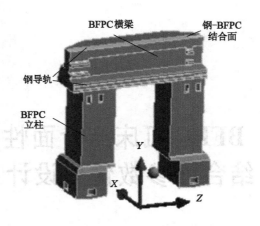

图 7-1　BFPC 龙门框架组件

的接触位置直接添加绑定接触即可。BFPC 龙门框架组件的前六阶频率和振型如表 7-2 和图 7-2 所示。

表 7-1　材料属性

材料	弹性模量/GPa	密度/(kg/m³)	泊松比
BFPC	45	2 650	0.25
钢	206	7 850	0.3

表 7-2　前六阶固有频率

阶数	1	2	3	4	5	6
频率/Hz	64.634	66.876	108.79	237.12	275.67	277.31

如表 7-2 和图 7-2 所示，BFPC 龙门框架组件的前六阶固有频率范围为 64.634～277.31 Hz。其中第 1 阶振型是横梁沿着 x 轴方向前后振动，第 2 阶振型是横梁左右上下振动，第 3 阶振型是以横梁中间为旋转中心进行扭转，第 4 阶振型是立柱向内振动，第 5 阶振型是横梁带动立柱高低交替振动，第 6 阶振型是横梁沿着 x 轴方向前后振动。

（2）频响特性

分析模型在 0～400 Hz 范围内的频率响应。频响分析时需要对模型施加正弦载荷，因为本章只为对比分析考虑结合面影响和忽略结合面影响两种情况下 BFPC 龙门框架组件性能的差别，仿真分析时对施加的载荷幅值大小无特定要求。因此在本小节分析时在横梁的两个导轨的 x、y、z 轴上分别施加 $-5\,000$ N、$-5\,000$ N、$5\,000$ N 的载荷并在两个立柱底部施加固定约束，设置分析步长为 2 Hz。计算结果如图 7-3 所示，其中 x 轴响应在频率为 64 Hz 时有最大振幅，为 1.524 9 mm；在频率为 108 Hz 和 278 Hz 也存在较大振幅，分别为 0.344 29 mm 和 0.285 75 mm。y 轴响应在频率为 278 Hz 时有最大振幅，为 0.290 15 mm；在频率为 64 Hz 和 108 Hz 也存在较大振幅，分别为 0.274 66 mm 和 0.044 mm。z 轴响应在频率为 66 Hz 时有最大振幅，为 0.591 41 mm；在频率为 108 Hz 和 278 Hz 也存在较大振幅，分别为 0.088 7 mm

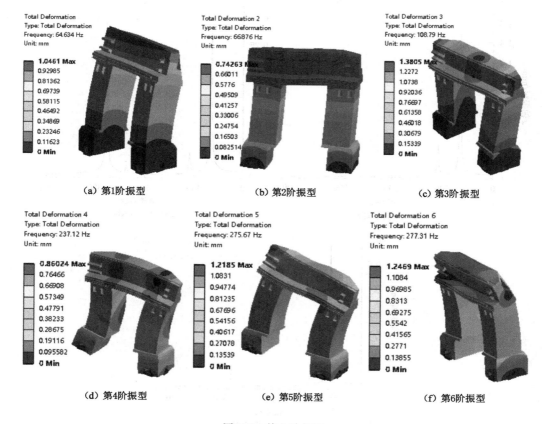

图 7-2　前六阶振型

和 0.09 mm。根据模态分析分析结果可知 x 轴最大振幅对应的是第 1 阶振型,y 轴最大振幅对应的是第 6 阶振型,z 轴最大振幅对应的是第 2 阶振型。

（3）热性能

BFPC 龙门机床框架组件的热源主要是导轨滑块之间的摩擦产生热量,根据文献[1]可知横梁顶部的导轨滑块产生的热流密度约为 $5.965\ 1\times10^{-4}$ W/mm^2,横梁前部的导轨滑块系统产生的热流密度约为 $1.068\ 4\times10^{-3}$ W/mm^2,空气散热的热流密度为 5×10^{-6} W/mm^2。利用 ANSYS 软件对 BFPC 龙门框架组件进行热性能分析,模型中各材料的热性能参数如表 7-3 所示。分析时在 BFPC 龙门框架组件两个导轨上及模型的外表面分别施加上述热流密度载荷,如图 7-4 所示,分析模型在上述热载荷下 BFPC 龙门框架组件在 3 600 s 内的温度变化。

表 7-3　热学性能参数

材料	导热系数/[W/(m·K)]	比热容/[J/(kg·K)]	线膨胀系数/K^{-1}
BFPC	1.513	1 070	1.48×10^{-5}
钢	45	460	1.1×10^{-5}

BFPC 龙门框架组件最高温度变化曲线如图 7-5 所示。根据图可知模型最高温度升高

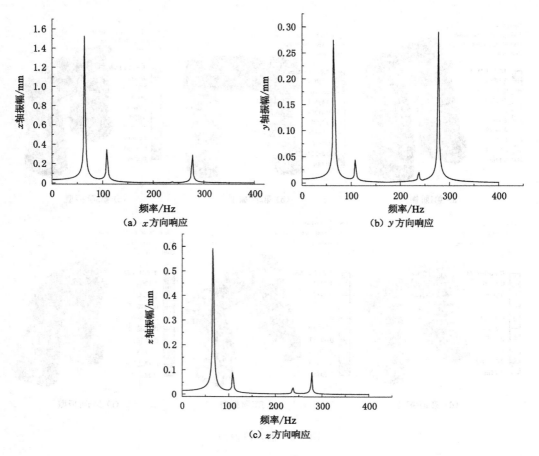

图 7-3　频响分析结果

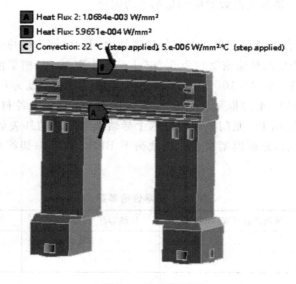

图 7-4　热载荷模型

速率呈先快后慢的趋势,当 36 000 s 时的最高温度为 51.469 ℃。根据图 7-6 可知模型的高温区域主要分布于导轨及跟导轨接触的 BFPC 基础件附近,根据图还可知模型的最高温度位于横梁前部的导轨处。

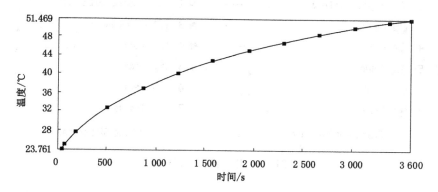

图 7-5　BFPC 龙门框架组件最高温度变化曲线

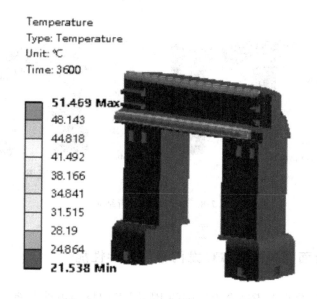

图 7-6　BFPC 龙门框架组件温度云图

(4) 热力耦合特性

利用软件根据热分析结果进行热力耦合分析,分析时在软件的热分析模块的结果一栏中右键选择热分析结果传递到力学分析模块中得到热力耦合分析模型,如图 7-7 所示。

分析时在横梁的两个导轨的 x、y、z 轴上分别施加 $-5\,000$ N、$-5\,000$ N、$5\,000$ N 的载荷并在两个立柱底部施加固定约束。分析模型在 3 600 s 的应力和变形,如图 7-8 所示。根据图可知模型的最大应力为 63.966 MPa,最大应力出现在横梁前部导轨的最右侧,由图还可知横梁顶部导轨的应力也存在较大应力。模型的最大变形为 0.126 9 mm,最大变形出现在横梁前部导轨的最左侧,同时横梁整体均有较大变形。

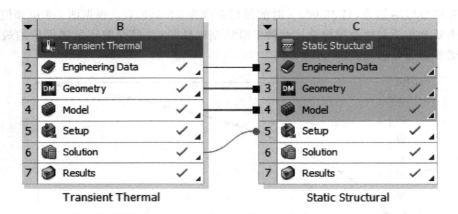

图 7-7　热力耦合分析模型

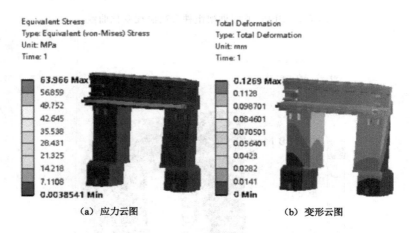

（a）应力云图　　　　　　　　　　（b）变形云图

图 7-8　热力耦合分析结果

7.1.2　考虑结合面影响的 BPFC 龙门框架组件性能

　　采用虚拟材料法分析考虑结合面影响的 BPFC 龙门框架组件性能。设钢导轨与 BFPC 横梁结合面的压力预载荷为 0.6 MPa，且 BFPC 的粗糙度为 $Ra6.3$，钢的粗糙度为 $Ra3.2$；BFPC 横梁与 BFPC 立柱结合面的压力预载荷为 0.8 MPa，粗糙度为 $Ra6.3$。仿真前建立 BPFC 龙门框架组件的三维模型，并且在横梁与立柱接触的 BFPC-BFPC 结合面和钢导轨与横梁接触的钢-BPFC 结合面处利用布尔运算切割出一层虚拟材料层，三维模型如图 7-9 所示，图 7-9 中放大图即为结合面的虚拟材料层。

　　（1）模态性能

　　模态分析时模型的约束条件及 BFPC 和钢的材料设置与忽略结合面影响时相同。因为模型中存在两种虚拟材料层，因此需要分别按照表 7-4 定义相关材料层的材料参数，并且将虚拟材料层与横梁和立柱及导轨的接触关系设置为绑定接触。

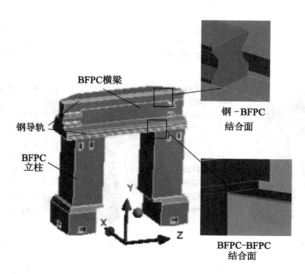

图 7-9　考虑结合面的 BPFC 龙门框架组件三维模型

表 7-4　材料属性

材料	弹性模量/GPa	密度/(kg/m³)	泊松比
BFPC-BFPC 虚拟材料	31.545	167.9	0
钢-BFPC 虚拟材料	32.18	208.56	0

　　BFPC 龙门框架组件前六阶频率和振型如表 7-5 和图 7-10 所示。根据图可知,考虑结合面影响时,BFPC 龙门框架组件前六阶振型与忽略结合面影响时的一致,但结构的固有频率下降了 3.29%～3.61%,这是因为结合面的刚度要低于 BFPC 和钢的刚度,因此导致整体结构的刚度降低固有频率也随之降低。

表 7-5　考虑结合面影响的 BFPC 龙门框架组件前六阶频率

阶数	1	2	3	4	5	6
忽略结合面影响/Hz	64.634	66.876	108.79	237.12	275.67	277.31
考虑结合面影响/Hz	62.51	64.464	104.94	229.11	266.32	267.8
相对变化率/%	−3.29	−3.61	−3.54	−3.38	−3.39	−3.43

（2）频响特性

　　在模态分析结果的基础上进行谐响应分析,研究 BFPC 龙门框架组件考虑结合面时的频响特性。仿真分析时的相关设置与忽略结合面影响时相同,结果如图 7-11 所示。

　　由图 7-11 可知,考虑结合面影响情况下,模型的 x 轴响应在频率 62 Hz 时有最大振幅,为 1.950 5 mm;在频率为 104 Hz 和 268 Hz 也存在较大振幅,分别为 0.304 47 mm 和 1.024 2 mm。y 轴响应在频率为 268 Hz 时有最大振幅,为 0.622 5 mm;在频率为 62 Hz 也存在较大振幅,为 0.185 7 mm。z 轴响应在频率为 64 Hz 时有最大振幅,为 1.157 5 mm;在

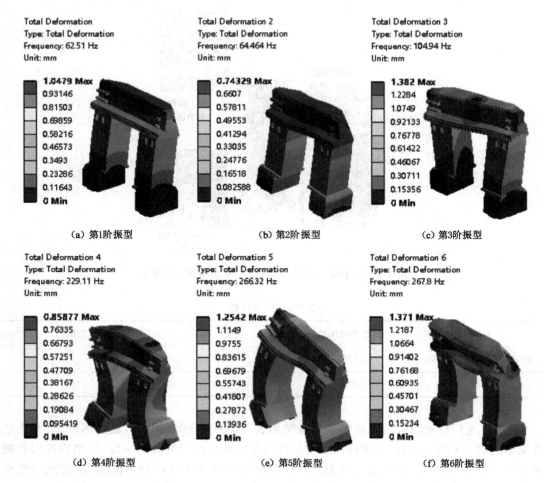

图 7-10 考虑结合面影响的前六阶振型

频率为 268 Hz 时也存在较大振幅,为 0.341 3 mm。根据图可知,考虑结合面影响时,结构的三个轴向的频响曲线与忽略时的相比都有不同程度的前移,这与模态分析结果的固有频率减小相对应。

BFPC 龙门框架组件各轴的最大振幅变化情况如表 7-6 所示,通过比较可知,考虑结合面影响时各轴的最大振幅均有较大的增幅,其中 y 轴方向的增幅最大增加了一倍以上,x 轴相对较小但也增加了 27.91%,因此证明结合面对 BFPC 龙门框架组件的频响特性影响非常明显。

表 7-6 考虑结合面影响的 BFPC 龙门框架组件最大振幅

轴向	x 轴	y 轴	z 轴
忽略结合面影响/mm	1.524 9	0.290 15	0.591 41
考虑结合面影响/mm	1.950 5	0.622 5	1.157 5
相对变化率/%	27.91	114.54	95.72

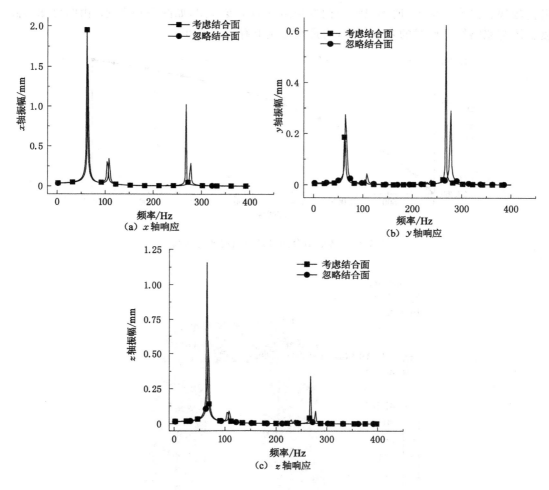

图 7-11　两种频响特性对比图

（3）热性能

利用 BFPC 龙门框架组件结合面三维模型进行瞬态热性能分析,模型中结合面热性能参数如表 7-7 所示,分析时长、载荷步长、热载荷及散热条件均与忽略结合面分析时的相同。

表 7-7　结合面热性能参数

材料	导热系数/[W/(m·K)]	比热容/[J/(kg·K)]	线膨胀系数/K⁻¹
BFPC-BFPC 结合面	0.118	1 070	0
钢-BFPC 结合面	0.185	768.025	0

模型的最高温度随时间变化曲线如图 7-12 所示,由图可知考虑结合面影响时最高温度变化趋势与忽略结合面时的一致,但各时刻的温度普遍比忽略结合面时的高,在 3 600 s 时的最高温度为 53.619 ℃,比忽略结合面时高了 4.18%,这是因为受结合面的影响,导轨与横梁接触不完全,导轨热量不能有效传递到横梁上,热量在导轨上积聚越来越多使其温度

升高较快。提取 3 600 s 时 BFPC 龙门框架组件的温度云图,如图 7-13 所示,由图可知其温度云图与忽略结合面时的基本一致,均是在导轨上有较高温度。

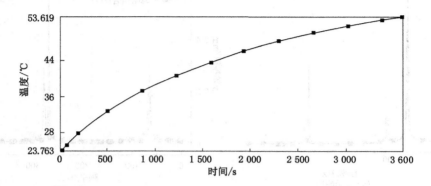

图 7-12　考虑结合面时最高温度变化曲线

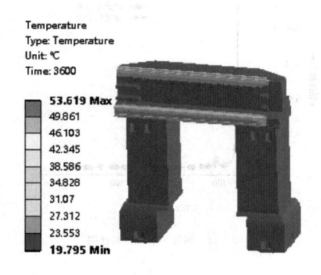

图 7-13　考虑结合面时温度云图

（4）热力耦合特性

采用与忽略结合面影响时相同的分析方法和设置研究考虑结合面影响时模型的热力耦合模型,分析模型在 3 600 s 的应力和变形,如图 7-14 所示。由图可知模型的最大应力为 92.194 MPa,比忽略结合面影响时的提高了 44.13%,但二者最大应力位置一致。由图还可知模型的最大变形为 0.143 02 mm,比忽略结合面影响时的提高了 12.7%,但二者最大变形位置一致。导致应力和变形增加的原因是模型的最高温度升高导致模型的热变形趋势增加,但由于结合面之间相对固定产生了较大的热应力,因此模型在力载荷和热应力共同作用下模型整体应力增加较多。同时温度升高模型热膨胀使得导轨在其长度方向有较大的伸长使其变形也有所增加。

根据上述对比分析可知,BFPC 龙门框架组件中的结合面对其动态性能（模态性能、频响特性）,热性能和热力耦合性能均有较大影响,特别是对动态性能有关键影响。因此在设

（a）应力云图　　　　　　　　　（b）变形云图

图 7-14　热力耦合分析结果

计制造机床时必须将结合面考虑在内，同时要充分利用结合面的性能来优化、改善机床整机性能。

7.2　BFPC 龙门机床结合面参数优化

7.2.1　BFPC 龙门机床参数化分析模型

本书前面建立了结合面的等效密度、弹性模量、导热系数、比热容与结合面压力预载荷（实际接触面积比）的函数关系。由钢-BFPC 结合面和 BFPC-BFPC 结合面等效模型可知，虚拟材料模型的等效厚度及泊松比均与结合面的实际接触面积或压力预载荷无关。根据分析可知结合面的等效密度与实际接触面积比满足线性关系，为此本节基于上述关系以结合面的等效密度为独立设计变量，以弹性模量、导热系数、比热容作为协同变量（因等效密度与实际接触面积比满足线性关系，便于处理，基于等效密度与实际接触面积比的函数关系及弹性模量、导热系数、比热容与实际接触面积比的关系建立弹性模量、导热系数、比热容与等效密度的函数关系，进而弹性模量、导热系数、比热容可作为协同变量），以 BFPC 龙门框架组件的模态性能、频响分析中的最大振幅、热性能、热力耦合分析的变形为优化目标，利用 ANSYS WorkBench 软件中的优化设计模块进行优化设计，以期提高 BFPC 龙门框架组件的综合性能。

因该设计的设计变量均是虚拟材料的材料参数，因此利用软件进行优化设计时只需要在软件的 Engineering Data 模块下进行参数优化。优化时在软件中将两种结合面的等效密度作为设计变量，如图 7-15 所示，其中 P1 为 BFPC-BFPC 结合面等效密度，P2 为钢-BFPC 结合面等效密度。

在软件中将热分析的最高温度、热力耦合分析的最大变形及最大应力、模态分析的前

1	ID	Parameter Name	Value	Unit
2	☐ Input Parameters			
3	☐ 🔧 Transient Thermal (B1)			
4	℃p P1	Density	167.9	kg m^-3 ▼
5	℃p P2	Density	208.56	kg m^-3 ▼

图 7-15 设计变量

六阶振型的固有频率、频响分析的 3 个轴向的最大振幅设为参数输出并设为优化目标函数，如图 7-16 所示。

☐ Output Parameters	
☐ 🔧 Transient Thermal (B1)	
℗ P3	Temperature Maximum
☐ ▦ Static Structural (C1)	
℗ P4	Equivalent Stress Maximum
℗ P5	Total Deformation Maximum
☐ ▦ Modal (D1)	
℗ P6	Total Deformation Reported Frequency
℗ P7	Total Deformation 2 Reported Frequency
℗ P8	Total Deformation 3 Reported Frequency
℗ P9	Total Deformation 4 Reported Frequency
℗ P10	Total Deformation 5 Reported Frequency
℗ P11	Total Deformation 6 Reported Frequency
☐ ∿ Harmonic Response (E1)	
℗ P12	Frequency Response Real
℗ P13	Frequency Response 2 Real
℗ P14	Frequency Response 3 Real

图 7-16 优化目标参数

利用软件中的直接优化模块建立优化设计模型，如图 7-17 所示，图中模块 B、C、D、E 已经与优化设计模块 F 建立联系。在优化设计模块中设置设计变量的范围如图 7-18，所示根据结合面压力预载荷的 0.2～1 MPa 范围求得等效密度 P1 和 P2 范围分别为：63.309 kg/m³≤P1≤187.94 kg/m³，94.366 kg/m³≤P2≤280.13 kg/m³。设置分析的最高温度最小为目标函数 P3，最大应力和最大变形最小为目标函数 P4 和 P5，模型前六阶固有频率最高为目标函数 P6～P11，3 个轴向最大振幅最小为优化目标函数 P12～P14。相关设置如图 7-19 所示。

7.2.2 BFPC 龙门机床优化分析

通过直接计算法求解得到当 BFPC-BFPC 结合面的压力预载荷为 0.95 MPa（实际接触面积比为 0.070 35），钢-BFPC 结合面的压力预载荷为 0.9 MPa（实际接触面积比为 0.068 01）时 BFPC 龙门框架组件的综合性能最优。

（1）优化后 BFPC 龙门框架组件模态性能

优化后 BFPC 龙门框架组件的固有频率和振型如表 7-8 和图 7-20 所示。根据图和表

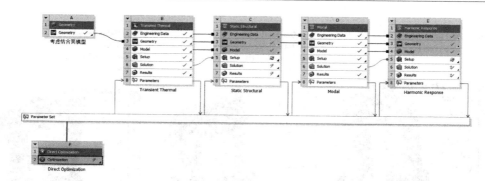

图 7-17　优化设计模型

	A	B	C	D
1	⊟ Input Parameters			
2	Name	Lower Bound	Upper Bound	
3	P1 - Density (kg m^-3)	63.309	187.94	
4	P2 - Density (kg m^-3)	94.366	280.13	

图 7-18　设计变量及范围

Table of Schematic F2: Optimization

	A	B	C	D	E	F	
1	Name	Parameter	Objective				
2			Type	Target	Tolerance	Type	L
3	Minimize P3	P3 - Temperature Maximum	Minimize	0		No Constraint	
4	Minimize P4	P4 - Equivalent Stress Maximum	Minimize	0		No Constraint	
5	Minimize P5	P5 - Total Deformation Maximum	Minimize	0		No Constraint	
6	Maximize P6	P6 - Total Deformation Reported Frequency	Maximize	0		No Constraint	
7	Maximize P7	P7 - Total Deformation 2 Reported Frequency	Maximize	0		No Constraint	
8	Maximize P8	P8 - Total Deformation 3 Reported Frequency	Maximize	0		No Constraint	
9	Maximize P9	P9 - Total Deformation 4 Reported Frequency	Maximize	0		No Constraint	
10	Maximize P10	P10 - Total Deformation 5 Reported Frequency	Maximize	0		No Constraint	
11	Maximize P11	P11 - Total Deformation 6 Reported Frequency	Maximize	0		No Constraint	
12	Minimize P12	P12 - Frequency Response Real	Minimize	0		No Constraint	
13	Minimize P13	P13 - Frequency Response 2 Real	Minimize	0		No Constraint	
14	Minimize P14	P14 - Frequency Response 3 Real	Minimize	0		No Constraint	

图 7-19　优化目标函数

可知,优化后 BFPC 龙门框架组件的振型与优化前一致,且前六阶固有频率变化也十分微小,其中最大增幅仅 0.258%。

表 7-8　优化前后频率变化

阶数	1	2	3	4	5	6
优化后/Hz	62.658	64.63	105.19	229.67	266.96	268.45
优化前/Hz	62.51	64.464	104.94	229.11	266.32	267.8
相对变化率/%	0.237	0.258	0.238	0.244	0.240	0.243

图 7-20　优化后 BFPC 龙门框架组件振型

（2）优化后 BFPC 龙门框架组件频响性能

对优化后的 BFPC 龙门框架组件的频响特性进行分析，频响分析时的设置与优化前的相同。为对比分析将优化前后的 BFPC 龙门框架组件频响曲线绘于同一图中，如图 7-21 所示，其中虚线为优化前结果，实线为优化后结果。由图 7-21 可知，优化前后 BFPC 龙门框架组件各轴的最大振幅的激振频率相同，但各轴的最大振幅显著减小。各轴的最大振幅如表 7-9 和图 7-21 所示。BFPC 龙门框架组件优化后，当激振频率为 62 Hz 时，模型在 x 轴方向存在最大振幅，为 1.510 3 mm，比优化前减小 22.569%；当激振频率为 268 Hz 时，模型在 y 轴方向存在最大振幅，为 0.622 5 mm，比优化前减小 17.59%；当激振频率为 64 Hz 时，模型在 z 轴方向存在最大振幅，为 0.858 83 mm，比优化前减小 25.803%，可见优化效果比较明显。但需要指出的是，当激振频率为 106 Hz 时优化后的 BFPC 龙门框架组件 x 轴振幅比优化前略大，当激振频率为 62 Hz 时优化后的 BFPC 龙门框架组件 y 轴振幅比优化前略大，当激振频率为 230 Hz 时优化后的 BFPC 龙门框架组件 z 轴振幅比优化前略大，这说明优化后的 BFPC 龙门框架组件不是全频率均是振幅低于优化前，只能是部分频带和最大振幅低于优化前。

表 7-9　优化前后各轴振幅变化

轴向	x 轴	y 轴	z 轴
优化后/mm	1.510 3	0.513	0.858 83
优化前/mm	1.950 5	0.622 5	1.157 5
相对变化率/%	-22.569	-17.590	-25.803

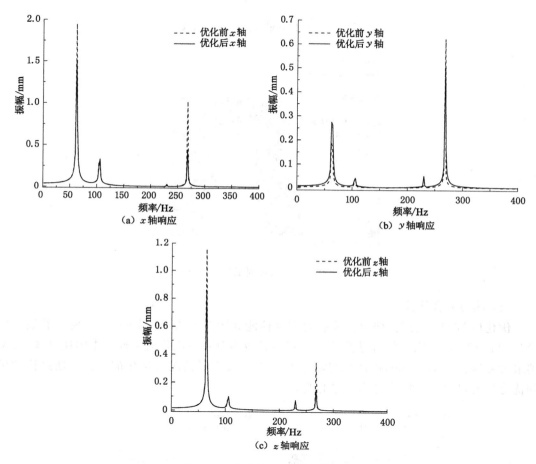

图 7-21　优化前后频响曲线变化

（3）热性能

对优化后的 BFPC 龙门框架组件的热性能进行分析,分析时的设置与优化前的相同。优化后模型的最高温度随时间变化曲线如图 7-22 所示,由图可知,BFPC 龙门框架组件在 3 600 s 时有最高温度为 52.554 ℃,比优化前降低了 -1.99%。这是因为钢-BFPC 结合面的实际接触增加而使得导热系数和比热容均增加,从而导轨的发热可以传递出去,使最高温度有所降低。提取 3 600 s 时 BFPC 龙门框架组件的温度云图如图 7-23 所示,根据图可知优化后的 BFPC 龙门框架组件的温度分布与优化前的一致。

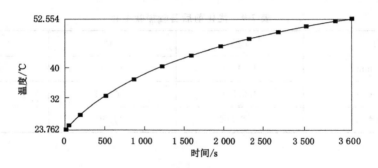

图 7-22　优化后最高温度变化曲线

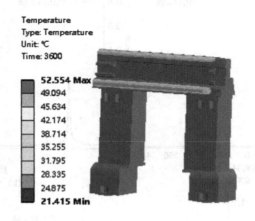

图 7-23　最高温度时的温度云图

（4）热力耦合特性

优化后 BFPC 龙门框架组件的热力耦合性能如图 7-24 所示，由图可知，模型的最大应力为 70.833 MPa，比优化前降低了 23.17%，且应力分布与优化前一致。由图还可知，模型的最大变形为 0.135 mm，比优化前降低了 5.6%，且变形情况与优化前一致。通过比较可知优化后的热力耦合性能得到一定的改善。

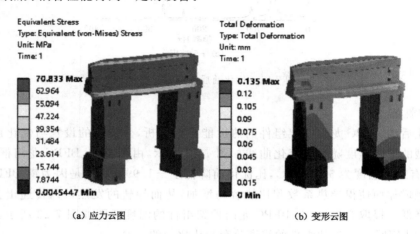

（a）应力云图　　　　　　　　　　（b）变形云图

图 7-24　热力耦合分析结果

7.3　本章小结

本章以某型同时包含 BFPC-BFPC 结合面和钢-BFPC 结合面的 BFPC 龙门框架组件为研究对象,通过对比分析的方式研究了忽略和考虑结合面影响的 BPFC 龙门框架组件的综合性能,证明了结合面对 BFPC 龙门框架组件性能有关键影响。采用参数优化设计方法对 BFPC 龙门框架组件结合面参数进行优化,并将优化前后的 BFPC 龙门框架组件综合性能对比分析,结果显示:优化后 BFPC 龙门框架组件的固有频率略微得到提升但模型各轴的最大振幅得到显著改善,其最大振幅降低了 17.59%～25.803% 不等,提高了结构的动态性能;优化后 BFPC 龙门框架组件的最高温度降低了 1.99%,且热力耦合时的最大应力降低了 23.17%,最大变形降低了 5.6%,改善了结构的强度和刚度。

参考文献

[1] 沈佳兴,徐平,于英华,等.BFPC 机床龙门框架组件优化设计及综合性能分析[J].机械工程学报,2019,55(9):127-135.